我是如何把自己从抑郁情绪中解救出来的

王美好　著

华夏出版社
HUAXIA PUBLISHING HOUSE

图书在版编目（CIP）数据

我是如何把自己从抑郁情绪中解救出来的 / 王美好
著. -- 北京 : 华夏出版社有限公司, 2023.10
ISBN 978-7-5222-0275-4

Ⅰ.①我… Ⅱ.①王… Ⅲ.①抑郁－心理调节－通俗
读物 Ⅳ.①B842.6-49

中国版本图书馆CIP数据核字(2022)第008547号

我是如何把自己从抑郁情绪中解救出来的

作　　者	王美好	
责任编辑	王秋实	
出版发行	华夏出版社有限公司	
经　　销	新华书店	
印　　刷	三河市万龙印装有限公司	
装　　订	三河市万龙印装有限公司	
版　　次	2023 年 10 月北京第 1 版　2023 年 10 月北京第 1 次印刷	
开　　本	880×1230　1/32 开	
印　　张	7.75	
字　　数	160 千字	
定　　价	59.80 元	

华夏出版社有限公司

网址:www.hxph.com.cn 地址：北京市东直门外香河园北里4号 邮编：100028
若发现本版图书有印装质量问题，请与我社营销中心联系调换。电话：（010）64663331（转）

致谢和致歉

这是我的第一本书，不管它接下来会不会得到读者喜爱，能够完成它，就已经是我人生中一次极大的意外惊喜，也了却了我的心心念念。所以，在此，想对帮助我达成这个心愿的很多人表达感谢。

首先要感谢华夏出版社的编辑王秋实老师，要不是她的接纳和支持，她的鼓励和认可，尤其是她希望更多人能得到一本开心小书的善良真挚的发心，没准儿我的书稿此刻还躺在电脑里，甚至可能因为无人问津而让我放弃了要出版它的念头。

其次要感谢我的前主管，他不但曾经对我有知遇之恩，教会和带给我很多让我至今受益的东西，而且在明知可能被他人误解的情况下，还是完全支持我将当时跟他共事时陷入阴霾的经历写出来。并且，今天，我们依然是很好的朋友，没有走散。

同时想感谢我播客的所有听友，是他们的每一次点击和每一句留言让我感受到了我所做的这一切的意义，让我有动力、有信心、有毅力把这本书完成。

2

也感谢辞职后身边所有朋友的鼓励和陪伴，感谢我的好朋友每周来看我。

更要表达一下歉意，向所有曾经被我的不佳状态影响到的朋友和同事们。另外，我确实很希望能尽快帮助遇到的人解决问题，所以，可能有的读者会感觉我的内容有说教感。如果这些文字让你感到不舒服，我想提前说声抱歉，但是请你相信，我本无恶意。

最后，还想感谢下我自己，感谢那个爱花花草草和小鸟的自己，那个爱自己的自己。

也感谢你，感谢你读到这里，感谢我们的相遇。

目 录

自序 / 1

第一章

**当我的世界开始
变得不晴朗**

一个没表情的人类 / 3

没有食欲，连饭也不想吃 / 3

疲惫，无力，电量低 / 3

睡不好，经常做噩梦 / 4

头疼，仿佛被念了紧箍咒 / 4

胸口堵得慌，好像被石头压着 / 4

月经，它，不来了 / 5

缺乏兴致，什么都不喜欢了 / 5

非常敏感，时刻感觉受到了刺激 / 5

易怒，成为一颗不定时炸弹 / 6

排斥，偏执，与朋友们的规劝为敌 / 6

把自己藏了起来 / 6

第二章

**不喜欢阴天，
想把乌云赶走**

人间值不值得先不管，身体变坏，不值得 / 11

这不是曾经的我，也不应该是以后的我 / 12

事未了，无法拂衣去 / 13

我相信，我可以的 / 13

第三章

黑暗袭来之前
发生了什么

刚说好的就变卦了 / 19

自尊心受打击，对工作越来越抗拒 / 19

主动写了个新方案，却再次受挫 / 20

很多做法我都不赞同 / 21

听道理更难受 / 21

第四章

这些事为什么
会让我陷入阴霾

嗯，是一个敏感、多思、渴望被认可的人 / 25

正在生病中的我 / 26

来自家庭的阴影 / 27

学校里那个年轻人的烦恼 / 29

这些年，那些让人又爱又恨的工作们 / 31

多情自古空余恨 / 33

第五章

我是如何驱散云雾
重见日光的

检查和治疗疾病，积极调理身体状况 / 37

开辟出口，多释放少压抑 / 40

让大脑帮我分泌多巴胺 / 45

掌握方法让自己心境平和 / 48

增强钝感力，减少敏感带来的负面影响 / 52

给自己找个"玩具"，转移注意力 / 54

去"认识"一些像我一样苦战的人 / 58

跟自己和解，放过自己也理解他人 / 63

珍视自己所拥有的一切，懂得知足 / 69

不必深陷当下，所有发生都有意义 / 72

刻意练习，让快乐成为肌肉记忆 / 78

保持善良，乐于助人，收获笑颜和赞美 / 81

改善不足，拥有特色，变得更加自信 / 87

认知自己，找到目标，制订计划，付诸行动 / 95

屏蔽或远离让你感到不适的那些 / 113

换昵称换账号换号码开启新身份 / 119

去亲近阳光和那些阳光的人 / 122

创造美好人生体验 / 126

第六章

我是如何帮助别人
一起寻找光芒的

如何判断自己是否陷入了抑郁情绪 / 133

怎么摆脱患病带来的恐惧和焦虑 / 135

有没有一些应对失眠的方法 / 141

被别人的评价困扰和伤害该怎么办 / 144

如何克服紧张、恐惧和逃避 / 150

工作中怎么驱动别人一起合作 / 158

如何才能在职场中获得晋升 / 163

人到中年如何突破职业瓶颈 / 167

怎么判断该不该离开一家公司 / 172

孩子不想上学怎么办 / 178

孩子不听劝阻怎么办 / 183

很怕自己教育不好孩子 / 185

父母关系不好，很痛苦 / 191

很想念，那个天上的人 / 196

爱着的人放手了 / 199

道理都懂，可还是没有好起来 / 203

后记 / 207

写给自己 / 209

新的计划 / 211

美好集 / 213

自　序
就一个小愿望，看完之后，你能走出不开心

　　人生就是这么奇妙，我从未想过有一天可以帮助这么多人走出阴霾。希望此刻与你的相遇，也会是一个美好的开始。

　　我是一个八〇后，出生和成长在北方的一座小城，大学毕业后去了大城市工作和生活，先后换过很多工作，也在几个不同的城市生活过，后来在国内知名互联网公司工作多年，从一线员工做到一线管理者。我从事过策划、营销、运营、产品、商业化和人才发展等多种工作，其间还曾辞职去做过一些小生意。最近，我又辞职了，想开启一段新的人生。这些经历看似折腾，但是也恰恰给了我丰富的人生和很多遇到问题解决问题的机会和经验。

　　最近几年，有越来越多的朋友和同事来找我，有的是生活中遇到了一些烦恼，有的是工作上遇到了一些问题。在我们聊过之后，大部分人又重现了笑容，有的人觉得心情变得舒畅了，有的人觉得获得了力量，有的人觉得棘手的问题有了解决的办法，还有的人觉得自己找到了人生新的方向。

　　我也从这样大量的沟通中发现，自己无形中掌握了很多有可能帮助别人变得更开心、帮助别人解决问题、帮助别人成为更好的自己的方法。

　　2019 年，因为很多原因，我陷入了至少持续了几个月的抑郁情绪当中。幸运的是，最终，我靠自己的努力走了出来。这两年，身边陷入持续不良状态的朋友和同事越来越多。我想，那不如将我对自己用过的让自己摆脱不良状态的切实有效的方法和我在帮助别人解决问题时用到的方法分享出来，给那些正在经历着不开心的人，带去一点小小的微光。

　　很高兴认识你，希望认识我也能让你很高兴。

第一章

当我的世界
开始变得不晴朗

　　跟很多人一样，从小到大，我时不时地会出现一些不开心的时刻，这再正常不过了。但是，2019 年的深秋，当我发现自己出现了非常多不良的状况，并且这些状况已经持续两个多月了，我便觉得这应该不是很平常的一次不开心那么简单了。

一个没表情的人类

以前的我很爱笑，朋友们也觉得我是个开心果，即使是在我比较安静的时候，我也能感觉到自己嘴角的微微上扬。而那段时间，我常常会呈现出一张没有表情变化的脸，而且面色暗淡，眼神漠然，没有光彩。

没有食欲，连饭也不想吃

虽然我算不上一个"吃货"，但是平日里还是很喜欢搜罗一些美食尝尝。而那段时间，我经常在网上翻一个多小时也找不出任何想吃的东西，就算看到那些曾经很喜欢的吃的也毫无兴趣。甚至有过那么几天，我完全丧失了吃饭的欲望，也没有了饿的感觉。正是这个连饭都不吃了的情况，让我意识到，自己的状况有点严重了。

疲惫，无力，电量低

即使工作强度经常比较高，我也一直是一个很有活力的人。而那段时间，我常常感觉没什么力气，什么也不想干，也不想动。甚至当有人只是想跟我聊聊天的时候，我也感觉到自己根本没有力气跟他交谈。像一个电量很低的玩具，像一个血不能满格的游戏角色。

睡不好，经常做噩梦

以前的我是个嗜睡的人，都不用等到晚上，白天有些时候就已经困得要命了。而那段时间，我要么时睡时醒，要么失眠，要么比以前更加嗜睡。更让我难以忍受的是，几乎每晚我都会做噩梦，还常常会在凌晨吓醒，有几次醒来的时候我还听见自己正在因为梦里可怕的情景而叫喊。

头疼，仿佛被念了紧箍咒

跟很多人一样，工作很忙的时候，我偶尔会有一点儿偏头痛的问题，以及，感冒的时候会头痛。而那段时间，我每天都感觉自己的头好像被挤压着或者像是被什么东西给封住了似的。

胸口堵得慌，好像被石头压着

那段时间，我经常会觉得胸闷，感觉胸口堵得慌，呼吸不是很顺畅。胸口仿佛被压了块石头，甚至有时还会出现钝痛。

月经，它，不来了

作为一个每次来月经时经血都汹涌如决堤一般的人，那段时间，我出现了人生的第一次闭经。我去中医院看了医生喝了中药，经过一段时间的治疗，才恢复了正常。这也是除了吃不下饭之外，另一个让我意识到问题严重性的状况。

缺乏兴致，什么都不喜欢了

电影和旅行是我以前最喜欢的两件事，而那段时间，我竟然对它们都失去了兴趣。最后，我甚至连自己的形象也不在意了，不化妆，也不再打扮了，整个人丧丧的。

非常敏感，时刻感觉受到了刺激

那段时间，我变得特别容易受刺激，别人的一句话或一个动作都可能让我迅速陷入低落、悲伤甚至愤怒的情绪中。即使那些话跟我毫无关系，即使那些人并没有对我做任何事，但我就是无法控制自己。

易怒，成为一颗不定时炸弹

渐渐地，我进入负面情绪的阈值开始降低，以前可以得过且过或者在我心里引不起太大波澜的事情，在那段时间会更容易引发我的悲伤或愤怒。所有的不顺利都会被放大，我的挫折感持续加重。我从一个人见人爱的开心果变成了一颗不定时炸弹，随时可能崩溃。

排斥，偏执，与朋友们的规劝为敌

朋友们发现我状态不好，都想帮帮我，有的规劝，有的讲道理，有的企图骂醒我。虽然我明明知道他们都是好意，但是却根本不想听他们说话，甚至听到后反而会觉得他们根本不理解我，从而感觉受到了更大的伤害和刺激。

把自己藏了起来

那段时间，我不想说话，不想见人，不想出去，于是，最终，我躲了起来。

　　这些就是我 2019 年深秋发现的一些比较显
著的持续了很久的状况，当时我觉得自己应该是
陷入了抑郁情绪。至于我是否患上了抑郁症，因
为当时没有去看医生，所以也不得而知。

　　看到这里的你，估计已经开始对号入座了。
但是，因为我们自己并不掌握科学的判断方法，
所以即使你也出现了跟我差不多的状况，也不用
因此就给自己贴上标签。不过，你需要开始认真
地关注和对待自己了。

第二章

不喜欢阴天，
想把乌云赶走

　　或许是命中注定我会在此时遇见你，所以，如你所见，我并没有因为我的天空不肯放晴就习惯了阴天甚至就此沉沦。2019 年的冬天，我开始想冲出这片黑暗。

人间值不值得先不管，
身体变坏，不值得

其实，有抑郁情绪，我能接受，谁的人生还没有个艰难困苦的时候？但是不吃饭、不来月经让我彻底警醒——身体坏掉了，岂不是损失太大了？

首先，我得承受各种不舒服。头疼、胃疼、胸口疼就不说了，白白的脸上，痘痘还从此层出不穷，一波还未平息，一波又迫不及待地来侵袭，我的脸在青春期都没有过这般"待遇"。

其次，我还得浪费钱，把劳心劳力劳情绪、受气受伤受折磨赚来的钱，全部送到医院去。这些钱买好吃的、好玩的、好穿的、好住的难道不开心吗？

再次，我残了、我废了、我"挂了"之后，我的工作岗位第二天就会有人补上，我的好朋友第二年就会有新的好朋友。而我除了能加速实现不用再工作、整日窝在家里和把骨灰撒入大海的愿望之外，能得到的，只会是短暂的慰问和长久的遗忘。地球依然会不停地转动，甚至不会留下我曾经来过的痕迹。

用抑郁情绪换来这些，性价比实在是太低了，虽然我是学文科的，但是这点账还是能算明白的，哈哈。

这不是曾经的我，也不应该是以后的我

　　说来也巧，有一天，我突然看到手机里自己以前的照片，然后索性又打开电脑翻看了我从小到大所有的照片。当映入眼帘的都是我曾经的那些开心的笑脸，看到自己曾经是个对生活充满热爱的人，我的眼泪就止不住地掉了下来。那一刻，我对自己说："你以前不是这样的，现在这个'丧尸'一样的人不应该是你的样子，你一定可以回到当初那个明媚的自己，甚至成为一个比过去过得更好、笑得更开心的自己。"相信我，我真的说了这些话，我就是这么一个常常自言自语的人，就好像身旁还有另一个我似的。

　　同时，我想感谢我的一位大学同学，也是我的好朋友。毕业多年以后，他告诉过我一件事：上大学的时候，有一次课间，他在五楼教室的窗户旁，看见我在楼下跟身边的同学不知说着什么，笑得特别灿烂。

事未了，
无法拂衣去

可能我就是个俗人吧，可能是我太贪心，我一想到还有新疆、西藏等那么多想去的地方没有去过；还有开飞机、弹吉他、拍电影、开书店那么多想做的事情没有做过；还有火锅、烧烤、冰淇淋、糖炒栗子那么多好吃的东西没有吃够，我就觉得，不行呀，好日子我还没过够呢，我可舍不得这璀璨俗世。

而且，我的父母还健在，我不希望笼罩着我一个人的阴霾扩散到他们头上。他们此前已为我受苦太多，我希望他们的余生能仅剩平安和喜乐。

太多事还没办完，天一直阴着可不行。

我相信，
我可以的

不知道是不是因为我以前经历过的很多有这样那样困难的事情，我最终也都走过来了，所以，当时的我相信，时间一定会再一次帮助我的。并且，我不想再等着阴霾慢慢地消散了，我想做点什么，赶紧冲出这片笼罩着我的黑暗，重新回到洒满阳光的世界里去。

我下定决心："不管用什么方法，一定要从抑郁情绪中走出来。"对，我又一次让另一个我，来为我加油打气。

　　靠着这些想法和信念，我开始了努力把自己从抑郁情绪中解救出来的过程。如此刻的你所见，我最终如愿成了那个过得更好、笑得更开心的自己。

　　其实在帮助别人的过程中，我也发现，所有最后能摆脱阴霾的人，都首先相信一切是可以好起来的，从而开始有所行动，并创造了变化的发生。

　　曾经的你，拥有过笑颜；以后的你，也可以。

　　王美好和很多人都可以走出来，你，也可以。

　　太阳露出来的那天，记得，感谢自己。

这一页给你，贴一张曾经爱笑的自己

第三章

黑暗袭来之前
发生了什么

　　下定了决心，我开始行动。我想，如果要让世界晴朗起来，我得先弄清楚到底是什么让我陷入了阴霾，然后再看看用什么方法可以解决这些问题。于是，我开始认真回想，从 2019 年年初开始，哪些事情的发生让我感到非常不开心。

刚说好的就变卦了 💬

2019 年的春天，我从当时的团队转岗去了我前任主管负责的团队。想到能重新跟着他工作，能做我喜欢的关于音乐的项目，我特别开心。结果，正式到了他主管的团队之后，之前说好的我喜欢的关于音乐的项目，安排了团队里其他的同事去负责，他安排了一个我完全不懂和不感兴趣的关于体育的项目给我。不开心之旅，就此开启了。

快到秋天的时候，我萌生了离开团队的念头。主管把我劝住了，我们沟通好了接下来我不用再去做任何项目了，可以开展其他工作。然而，刚留下来还不到一天，我就接到了他让我继续接下一个项目的电话通知。

我劝说过自己，要理解主管，他可能有他的难处。但是，我确实非常介意这两次刚沟通好就被他推翻沟通内容的做法。

自尊心受打击，对工作越来越抗拒 💬

那个关于体育的项目是个重点项目，我的职责是项目管理。我不仅对题材完全不懂和不感兴趣，而且对此类项目的管理工作也完全没有经验。我不但不知道该怎么做，甚至根本听不懂大家在说什么。我每天都很恐惧，无法提高工作质量，我从一个很多人都认识的知名战将逐渐变成了一个频频收到负面评价的人。并且，由于团队的同事们每个人手上都有各自的项目，曾经很熟识的我们变得很少有机会见面和交流，我每天都觉得自己是孤身一人在苦战。主管忙于那个关于音乐的项目，也很少出现。这些都让我的自尊心受到很大的打击，对工作越来越抗拒。几个月后，在这个项目即将进入关键阶段的时候，我的恐惧达到了极点。于是，我申请退出项目，并准备离开团队。

主动写了个新方案，却再次受挫 💬

其实在最终决定退出项目和离开团队之前，我做过一个妄图自救的动作，我写了一个新项目的方案。我想，如果这个项目可以做，那我就不用再做那个关于体育的项目了，不但可以解决自己的困境，没准儿还能给团队做出个创新的成果。新的项目是关于大学生求职和实习的内容，我连夜写了出来，自己很喜欢。然后，我把方案跟团队的同事们，尤其是刚毕业不久的同事们都讲了一遍。结果比我预想的还要好，收到了大家的好评和期待。我满心欢喜地去向主管展示和汇报，没想到他提出了一堆问题和质疑，并且明确地告诉我，因为各种原因，这个方案不会有后续。我以为可能会找到一根救命的稻草，但是，它，被折断了。

很多做法我都不赞同 💬

　　那一年，公司做了很多调整。我发现自己与公司的理念越来越不合拍，这导致我对自己所从事的工作的意义和价值产生了怀疑。我不想显得疏离不合群，不想影响项目组和团队其他同事的工作，但我也不想违背心意。脑海里有两个小人儿整日不停地拉扯和斗争，随时分裂，随时害怕分裂，又随时憎恨自己的分裂。

听道理更难受 💬

　　因为不管是尝试学习和调整、主动写新方案、退出项目离开团队还是与主管重新沟通，都没能解决问题，最终，我陷入了绝望。我的情绪越来越低落，身体越来越不好。朋友们都希望帮助我好起来，于是，来劝我，给我讲道理，想骂醒我。这让我越发觉得不被朋友理解，越发崩溃。最后，如你已经知道的，我把自己藏了起来。而同事们都忙于自己的项目，我不见了，几乎无人知晓，包括我的主管。可悲的是，其实我更渴望有人知晓，有人能抱抱我；我更渴望有人能对我说出一句："我知道，你很难过，我都知道。"

当我为了写作本书回忆这些事情的时候，感觉又把伤疤都揭了一遍，挺难受的。而现在真正落笔将它们写下的时候，我感觉这简直就是一个我最为不齿的大型翻旧账环节。不过，为了去把太阳找回来嘛，也不得不这么做。

第四章

这些事为什么
会让我陷入阴霾

将让我感到非常不开心的具体的事情大致弄清楚后，
我开始研究，这些事情为什么会有如此大的力量，让我
最终陷入阴霾。我想弄清楚，问题的根源究竟是什么。

嗯，是一个敏感、多思、渴望被认可的人 ⟶

明明说好的却总变卦，是不是本来就口是心非？项目给了别人，方案直接"毙掉"，是不是不再认可我了？会议上，同事表情奇怪，是不是觉得我能力不行？我藏起来了，没人发现，是不是我根本就不重要？是不是？是不是？是不是？……

嗯，我敏感、多思、渴望被认可的性格，在这些事情上，又淋漓尽致地体现了出来。

我从小就是一个比较敏感的人，敏感使我拥有很棒的洞察力和同理心，能觉察到别人在想什么，非常善解人意。我想，也正是因为如此，我才能成为一个能够给别人提供帮助的人，所以我一直认为敏感就是我最大的优点。

敏感的人必定会多思，同一件事，敏感的人往往会比其他人想得更多，甚至会进一步思考现象背后的深意和原因，正如此刻的我。多思会帮我规避风险，同时，多思也会像永动机一样，源源不断地让我迸发各种想法和创意。每一位创作者都是敏感多思的人，这可能就是创作者的宿命吧。

被认可几乎是人们做事的主要动力，几乎没有人能抗拒被认可带来的愉悦感。如果不是我的帮助和方法得到了很多人的认可，这些文字，也许就不会出现。

然而，即使好处多多，敏感、多思、渴望被认可的特质也最容易造成人的不开心。

敏感多思的人接收信息过于快速，并且会放大自己的感受；

敏感多思的人还常常会因为想太多而产生误解。所以，事情突然变卦、工作成果不好、方案没有通过、躲藏无人知晓……这些都势必让我开始怀疑自己曾经拥有的工作能力和人际关系都是假象，怀疑自己已经不再被认可了。从而，我的自尊心受到打击，开始陷入自卑。越自卑就越恐惧，越恐惧就越做不好，越做不好就又越自卑，开始恶性循环。

而且，如果敏感多思的人以前的顾虑常常应验，那么他就会相信自己每一次觉察到的一定是事实，每一次预想出的一定会发生，我就是这样的人。

所以，敏感多思的人很容易自作多情和自怨自艾，很容易畏首畏尾和踯躅不前，很容易纠结恐惧和中途放弃。

如果，你也跟我一样，敏感、多思、渴望被认可，那么，我们隔空抱抱吧。因为，我们确实是更容易不开心、更容易痛苦、更容易被阴霾笼罩的人。

在这里，也向那些被我曲解过的人道个歉。虽然道理我都懂，但是，让我神经大条、让我不想东想西，真的很难做到。不过，敏感的人本质上都是情感充沛的热情之人，是难能可贵的呢。

正在生病中的我 ⇨

头痛、胸口疼和睡眠不好，已经让我饱受折磨，而此前的厌食和闭经情况的出现，让我直接恐惧了起来。虽然不痛不痒，但我相信那时候我的甲状腺肯定也不会是健健康康的，它病了，我的情绪受它激素分泌状况的影响，就很难充满阳光。

人在患病的时候，很容易情绪低落甚至大发脾气。越难以医治以及越使人生活质量降低的疾病带给人们心理的伤害越大，而心理状态不佳往往又反过来导致身体状态进一步恶化，甚至使人患上更多的疾病，从而又形成一重恶性循环。可想而知，要不是最终走了出来，告别了抑郁情绪，我的身体将会变得更差。

我从小就不瘦，工作多年，我又"过劳肥"了几十斤；另外，如前所述，那段时间，我白白的脸上痘痘层出不穷，一波还未平息，一波又迫不及待地来侵袭，让我的脸拥有了我青春期都没有过的"待遇"。这些非常精准地引起了我的容貌焦虑，让我变得更加自卑。我不用等到头痛、胸口疼和睡眠不好再发作，从每天早上洗漱照镜子的时刻起，就不开心了。

在这里，也向那些被我发过脾气的人道个歉，毕竟，那时候，我的身体非常不舒服。也希望有更多的人能宽容和关爱生病的人，即使，不一定能感同身受。生病的人，其实最渴望得到关心和照顾，即使他说他可以一个人煮碗粥，一个人去医院。

来自家庭的阴影

我觉得我身上的特质，有很多是由于受到原生家庭及成长经历的影响。唉，又要进行我最不齿的翻旧账和最痛苦的揭伤疤环节了。

　　第一个情况是，我是一个重男轻女家庭中的独生女，且在同辈的孩子中排行比较靠前。

　　估计跟我有同样境遇的人都能理解，这首先会导致我对自己的要求非常高，觉得只有优秀才会被喜欢。因此，我在学业、能力及收入方面的压力和焦虑非常大，拼命地奋进，活成了一个"战士"。其次，这便是我从小就很敏感，拥有过人察言观色能力的重要原因之一。再次，当同辈中陆续有男孩出生之后，我感到更加不被宠爱了。你可能不会相信，从四五岁开始，我就讨厌过年了。因为这一年一度的大型家庭聚会中，我所有的需求都会被禁止，一切都要以年龄最小的表弟的需求为先。

　　第二个情况是，以前，我家的经济状况一直不太好，不但是家族中最差的，甚至还极度贫穷过很多年。

　　这无疑让我又提高了对自己的要求，觉得只有优秀才能改变家里的状况，才能让爸妈和自己过上好日子。因此，我在学业、能力及收入方面的压力和焦虑更大了，更拼命地奋进，嗯，过着"战士"的生活。虽然我从来没有抱怨过什么，但是因为物质条件的不足，我无可避免地常常自卑。另外，这种情况下，不管是工作还是生活，不管是物质上还是精神上，父母都无法给我提供支撑。我需要自己奔跑，一切都需要自己争取，虽然独立自主，但时常会有孤身一人的无助感。

　　第三个情况是，我父亲的脾气本来就不好，极度贫穷的那几年又加剧了家庭氛围的不良。母亲那些年逆来顺受，甚至遭受过家暴，我因此拥有了人生最大的阴影。

这导致我走出校园进入社会之后，不肯接受任何人对我凶巴巴或说重话，尤其是男性。因为我再也不愿承受这些了，哪怕对方对谁都是如此，哪怕对方只是在就事论事。即使是认可和提拔我的主管，当他们这样时，我也无法接受，最终都只能选择离开。我也因此非常害怕面对人际冲突，并且不善于用言语和沟通解决人际冲突。考题可以答对，工作可以攻坚，但是遇到人际冲突，我的结局基本上就是又恐惧又退缩又生气又憋屈。

敏感、觉得只有优秀才会被爱、经济上的自卑、无人支撑的无助和孤独、害怕冲突……这些在我的原生家庭和成长经历里，都找到了一些来处。

这次不想跟谁道歉，这次想先抱抱自己。

如果不小心也让你想起了伤疤，那你也抱抱自己。

不过，幸好，我们都会长大的。

学校里那个年轻人的烦恼 ➡

小学和初中的时候，我几乎一直是班里的第一名，最差的时候也是第二名，老师和同学们都很喜欢我，甚至是对我偏爱。从高中开始，我的成绩一落千丈，被大家喜欢和偏爱的情况一下子就消失了，我的自尊心受到了打击。高二文理分科的时候，我离开了原来的班级去了文科班。过了一段时间，新的班主任对我说："分班的时候，你原来的班主任特意来找过我，说你这孩子很好，让我多关照。现在看来，其实也不怎么样嘛。"到了大学后，虽然我的成绩没有很突出，但是我是学生会干部和学校电台的知名人物，又开始风光无限。这样起起落落的经历无疑又强化了我的那种"只有优秀才会被爱"的感觉。

此外，高中的时候，还发生过一件事，让我第一次在友情方面有了被抛弃的经历和感受。我高二到了文科班后有了一个好朋友，后来我和她跟班上的另外两个女生也成了好朋友，四个人形影不离，天天在一起玩儿。突然有一天——大概是一年后？记不清了——她们三个对我说，她们三个以后不想再跟我玩儿了。然后，就变成了她们三个整天在一起，不再理我了。其实时至今日，我也不知道当时发生了什么，毕竟我不善于用言语和沟通来处理冲突。我只是知道，这就是事情的结局，以及，对我的打击有点大。这件事让我意识到，我以为非常要好的人，可能会突然就讨厌我，甚至离开我，即使我自认为一直以真心相待。同时，这件事还让我第一次知道，原来，自己不是人见人爱的，自己会被人讨厌。

觉得只有优秀才会被爱，害怕冲突、被讨厌、被放弃……除了原生家庭和成长经历，在学校里，也找到了一些它们的来处，并且，它们在学校里被逐渐强化。

我跟那三个女生在一起玩时的照片，现在都还留着，我没有撕毁或者扔掉它们，因为我知道，那些照片上的开心，曾经真的存在过。

这次就不抱抱啦，毕竟从小学到大学一共十六年的求学经历，有十三年我都是非常快乐的，并且备受喜爱，收获了很多朋友和恩师，是很令我怀念的时光呢。

这些年，那些让人又爱又恨的工作们 ↪

引发 2019 年这次阴霾的那些让我感到非常不开心的具体的事，都指向了工作里出现的问题。工作是我们人生非常重要的部分，占据了我们人生非常长的时间，因此，我们在这部分里遇到的问题和由此产生的焦虑也最多。所以，其实在 2019 年以前的工作中，也有过很多对我产生过不良影响的经历。

我之前几年的工作状态，也总是时起时落：碰到赏识我的主管，就一路高歌；遇上对我不认可的主管，就跌落谷底。其间甚至出现过对我的评价呈现出两极情况的两任主管。亲耳听到有个主管说觉得我一无是处，不明白为什么有人觉得我很不错的时候，我很震惊，伤心难过，备受打击。

也因此，我的收入也会起起伏伏，甚至总体一直也不高，这不但又会给我带来一些自卑，更给我带来了很大的压力和不安。我一方面觉得支撑自己和父母的生活有压力，另一方面担心自己如果不更加努力和优秀的话，未来的生活可能会没有保障。

另外，因为换过几家公司以及很多个团队，我逐渐发现，大部分同事在分开之后就不会再联系了，关系都不会很长久。这让我渐渐对职场人际关系有了一些负面的体认，甚至后来再认识新的同事的时候，我会变得比从前冷漠很多。但是其实，同事是我每天相处时间最长的人，我本质上又是个热情之人，所以淡漠的同事关系也会消减我对工作的热情。

工作经历中对我打击最大的一次，是多年前我在北京时的一份工作。公司是刚刚创业不久的小公司，但是难得的是，我跟我的主管特别合拍，我做出来的东西他都很喜欢，同事们也都经常赞赏。但是，也就做了刚刚三个多月，公司就以资金短缺、需要裁员为由，把我辞退了，并且是由这位赏识我的主管跟我沟通的。这是我工作中唯一的一次被辞退的经历，我没有怨恨，我甚至觉得这就是一个创业公司会发生的正常情况。但是，对于对自己要求很高且之前一直被称赞的我来说，这确实是非常突然的莫大的打击。

其实，2019 年的挫折最终能使我陷入抑郁情绪，其原因还有一个在职场上普遍存在的现象，那就是我不可避免地进入了中年危机。虽然我没有自己的小家庭，没有下有小的压力，但是当时的我工作多年，仍然没车没房，要支撑自己和父母的生活，还要为以后的人生打算；虽然我当时已经成为管理者，但是工作状况不佳，年龄也即将不占优势，并且对所从事的工作已经开始厌倦；虽然我也想辞职去做喜欢的事，但是它们可能难以保障今后的生活。这些都令我感到压力很大，非常不安，觉得前路迷茫，进退两难。

　　觉得只有优秀才会被爱、被贬低、被放弃，经济上的自卑、中年危机……职场，成了这些问题的放大镜。一个成年人，会比年轻的时候更害怕这些，害怕改变的成本巨大，害怕没有还能改变的机会。

　　这次就更不想抱抱啦，工作给我衣食，也带给我很多成长，我也有过高光的时刻。工作中谁还没遇到过一些问题呢，咱也讲道理，咱不会因为有问题就抹煞工作所有的给予。

多情自古空余恨

　　爱情，作为人生中最难的一道必考题，是一定会对我们有很深的影响的。

　　我的有关爱情的经历大概给我带来了三种影响：一是由于每一任男朋友都超不过一年，所以我觉得自己很难拥有长久的亲密关系；二是后来的很多年，不是喜欢我的我不喜欢，就是我喜欢的不喜欢我，没出现过一次两情相悦，使我觉得自己这辈子可能都无法遇到合适的人了；三是因为最近这些年的经历主要都是我喜欢上的人不喜欢我，对我自尊心的打击有点大，让我觉得自己在感情上也是个不被认可和不被爱的人。虽然，爱情没有道理可言，我都懂的。

　　就不用抱抱了，因为，曾经，拥有过的。

这些是 2019 年的冬天，在北京租住的房子里，我通过翻旧账和揭伤疤，把自己研究了一下，找到了一些当时能找到的、可能是让我陷入阴霾的原因。以前偶尔不开心的时候，我也研究过，只是没有这次这么深入和系统。我的特质肯定有先天遗传的因素，但是我觉得很大一部分跟后天自身的经历有关。而且，作为没有医学和科研背景的普通人，我很难去探究先天的遗传因素，后天自身的经历是我更容易去梳理和分析的。

找到原因，是帮助我走出阴霾的必要条件，就像医生治病之前先要进行诊断一样。如果你也正在经历不良的状态，不要着急，找个你最喜欢的地方，用你最舒服的方式，静下心来努力探究一下。回忆一下，不开心的那些时刻都发生了什么？是谁或者是哪件事让你觉得不舒服？而为什么自己又比别人更加在意那个人和那些事？找到了原因，才能针对性地解决问题，才能拨开云雾。

人的悲欢各有不同，很多人并不在意的事情可能正是一些人的伤疤。伤疤就像一面镜子，揭开它虽然很疼，但却有可能让我们看见自己，给伤痛一次更好愈合的机会。

第五章

我是如何驱散云雾
重见日光的

　　找到了一些原因后，我开始尝试针对性地解决这些问题，我想，把问题解决了，应该就可以走出阴霾了。能和你在这里遇见，正是因为这些行动如我所愿，帮我重见天日。

检查和治疗疾病，积极调理身体状况

我准备从最明确的行动开始，所以，我做的第一件事就是治病，把身体状态先调整好，缓解疾病对情绪的影响。

首先，我问自己要不要去看心理医生。

但是，跟很多人一样，那时候的我还是本能地对看心理医生这件事有点排斥。并且当时的我相信以自己这么多年在生活和工作上解决问题的能力和表现来看，我能解决我的心理问题。我不如先自己解决试试，如果实在不行再寻求心理医生的帮助。

不过，我现在的看法已经有了很大的改变。我了解到，心理医生并不像我们经常误解的那样，仅仅是进行抑郁症等相关问题的干预和治疗，他们会跟来访者一起探究出现状况的根本原因，从而帮助来访者解开困惑。如果你在找原因这个环节上遇到了困难，不妨请心理医生提供帮助，获得比较专业的分析和方法，相信会比我更快地走出不良状态。

打消了去看心理医生的念头之后，我去中医院看了闭经的问题，开始吃中药进行治疗。具体情况已经记不太清了，好像也就治疗了一两个月，月经就恢复正常了。

不记得当时为什么没有想起来去查查甲状腺，但是因为甲状腺对情绪的影响实在太大了，所以，我还是想在这里叨叨一下。

我高中的时候得过甲亢，就是之前提过的那个家里极度贫穷、父亲每天脾气暴躁甚至有过家暴的时期。那时，几乎每天晚上我都躲在自己的被窝里偷偷地哭，直到有一天被人发现了症状，去医院一查，才知道生了病。差不多治了一年，因为要去外地上大学了，症状也减轻了，就没有再接着治下去，也没有再去理会。直到今年体检，甲状腺的指标依旧呈现出了一些异常，想到2019年曾陷入过抑郁情绪，我就去医院进行了一次详细的检查。果然，这次检查最终确诊了桥本甲状腺炎和等级稍微有点高的甲状腺结节，虽然不用吃药，但是需要忌口一些食物以及定期复查。

　　甲状腺疾病有很多种，病因也并不全部为人类所知，但是，基本能确定的是甲状腺疾病跟长期心情不好有着密不可分的关系，也因此，这个疾病几乎成了现代人的常见病。同时，甲状腺疾病会影响激素分泌，又会导致心情不好，是情绪低落和易怒的重要原因之一。长期不开心的你，可能甲状腺已经病了，甲状腺病了，又很可能会导致你不开心，它们是一个互为因果的关系。

　　因此，要记得关注自己甲状腺的情况，通过观察身体状况、体检以及去医院进行检查，了解清楚它是否安好。如果有问题就要及时医治，同时尽量调节好心情和压力，减少对它的影响。

　　我还听到过一种说法：有的时候我们感到身体不适或者生病，很可能就是我们的心在通过身体向我们发出求救信号。或是需要我们发泄一下，或是需要我们停下来休息，或是需要我们做出改变。

　　所以，如果你已经有一段时间情绪不佳了，不妨去检查身体，积极治疗和调理改善吧，一方面减少身体状况对情绪的影响，另一方面改善身体的状态，为走出阴霾提供能量。

除了明确的疾病之外，我们还常常会因为身体的一些差异而产生困扰，甚至自卑。来找我沟通的朋友中，有因为身材矮小、皮肤黑、脱发、口臭、手汗等问题给他们带来的困扰，甚至有人小时候由于长得比较高而被同学孤立过。

夏天直接穿着静脉曲张袜出门，无所谓别人怎么看

我自己也因为白发和肥胖而时常感到不自信。2020 年，我开始减肥，通过运动、合理饮食和中医调理身体，目前已经减掉了四十斤，人漂亮了还是其次，最重要的是身体的各项指标健康了很多，整个人感到轻松有活力。白发问题的解决更不可思议：发型师说我头上有近七成的头发都是白发，医生说大概是用脑过度造成的，也没有有效的办法。本来我是靠不停地染发来遮盖，结果今年生了一次病，当时身体虚弱，我就没有继续染发了，任由白发自由生长。我就想，只要我不介意，别人爱怎么想就怎么想好了。结果，我就真的不介意了。我每天完全意识不到自己头上有大面积的白发，昂首挺胸一切照常，搞得很多人以为我是花大价钱染了一头黑白相间得如此自然的发色，还连连称赞看起来很酷。更逗的是，有一次我做梦梦到发型师正在把我的头发染回

黑色，我在梦里竟然生气地大喊了起来："我不要染我不要染，我就要这个样子！"

如果你也有一些身体状况的困扰，不妨尝试医治或者改善一下，唯一需要注意的就是找正规的医生以及用非残害身体的方法。之前听说有人为了瘦腿，去做了对腿部损伤不可逆的小腿神经阻断手术，这可万万使不得呀，能走路肯定比腿瘦更重要呀。

不过，也确实有很多疾病和身体状况目前还没有有效的治疗和改善的方法。人们除非遇到同样的问题，否则都很难对别人的痛苦感同身受，但还是希望大家都能理解和关爱生病的人，不要觉得他们矫情和情绪不稳定，毕竟他们遭受着身体和精神上的折磨。同时，希望正在经历病痛和对自己身体有焦虑的朋友们能调整心态并积极治疗，随着医学的发展，有些问题也许能够被更好地解决。如果没有更好的解决办法，那就像我对待我的白发一样，接纳自己。毕竟，世界上的人不可能都长成一个样，我们在意的只不过是别人的眼光。

🟧 开辟出口，多释放少压抑

要防止被充得太满的气球爆掉，就要放一些气出来，减少它的压力。

所以，我做的第二件事是给自己找了一些出口，释放自己的压力。

我们都会有这样的体验：生活中如果遇到一些不开心的事情，找人说说话，就会觉得心情纾解了一些。倾诉本身就是释放压力的一种方式；倾诉还有可能会得到共情，让我们觉得被人理解；倾诉更有可能会因为与他人的交流和探讨而获得一些方法，解决面临的问题。

所以，如果你不开心，就去找个合适的人倾诉吧，但记得最好找个合适的人，不然也有可能会适得其反。

那什么样的人是适合倾诉的人呢？

首先，他能认真地倾听。以前，我曾遇到过有的朋友并不想听我倾诉，要么是全程玩手机听得很敷衍，要么会打断我或者干脆拒绝听我继续讲下去，这都会让我更加受伤。

其次，他能跟你共情。今年我的颈椎出了问题，发病期间，我每天都很痛苦，甚至因为对相关知识知之甚少，我产生了极大的恐惧。那段时间给了我最大力量的是那些曾得过颈椎病的同事们。当我在他们面前说着说着就哭了出来的时候，他们没有只是简单地告诉我"没事的，会好的"，而是跟我说："对，我知道，我当时也是这样的，特别难受，我当时都晕倒了……"他们不但给我讲了他们生病和治疗的经过，还分享了他们在治疗和康复上的信息和方法。我看到已经活蹦乱跳、跟正常人一样的他们，就有了很大的信心，知道自己一定会好的，也就不再恐惧了。

倾听和共情虽然有效果，但往往都是比较短暂的，如果问题没有解决，很多事情很难翻篇儿，下一小时或者下一天还是要面对的，面对的时候就又会痛苦起来，人就很难真正地走出来。我就有过这样的一个朋友，他找了太多人倾诉，但是一直解决不了问题，走不出不良的状态，最后即使原来特别想帮他的朋友也觉得压力很大，不敢再见他了。所以，如果一个人不但能倾听和共情，还能帮你一起抽丝剥茧解决问题的话，那么，能有这样的朋友就真是太幸运了，这样的人也是最最适合倾诉的人。

我还挺幸运的，我就有一个这样的朋友，我常常被跟她的倾诉治愈。她是我的大学同学，我的闺蜜，我们不仅曾在刚毕业最穷的时候一起合租过，而且我们有很多年都在同一个城市，相互照顾。我们非常了解和信任彼此，她不但能理解我，还能用一些心理学的知识开解我，并且能和我一起探讨问题的解决方法。

如果身边暂时没有适合倾诉的人，也可以找心理咨询师聊聊，他们是倾诉最合适和最专业的人选。

在倾诉这件事上，我们常常还会遇到另外一个问题，那就是：如果我们真的状态非常不好，到底应不应该让别人知道？这个问题其实我一开始没有考虑过，而直接让别人知道了我的情况。但是后来我发现，有些人得知后会给我贴上一些标签，对我产生偏见甚至歧视。如果这些标签会给我们带来伤害或者成为我们走出阴霾的阻碍的话，那我们还是要保护好自己的隐私。

如果既找不到适合倾诉的人，又不想去见心理咨询师，也不想让别人知道情况的话，也可以对着物说，或者写下来。

曾经，我跟当时的男朋友分手时，非常难过。一个人身在异乡独自做着小生意，没有同事可以倾诉，又不想让家人和朋友知道我的情况，我就对着家里的各种小电器说话。一会儿跟取暖器说说话，一会儿跟冰箱说说话，一会儿跟台灯说说话。虽然那时候自己感觉有些凄惨，但是这确实是一个很有效的方法，我也很感谢这些小电器陪我度过了一段难熬的岁月。前段时间，我又遇到了一些不太开心的事情，但是当时我的闺蜜身体不太好，我又不想跟别人说，于是我就深夜开车跑到江边，站在寒风中对着夜色里的滔滔江水哭诉了一番，也得到了很好的缓解和释放。后来，那个江边的小地方成了我的"秘密基地"，我心情不好的时候就会去一趟，常常是去的时候还哭哭啼啼伤心难过，回来的路上就已经笑逐颜开了。

江边"秘密基地"的美景

　　不过，我更推荐写的方式。将问题写下来，除了也是一种倾诉之外，更像是一种梳理和复盘，常常可以帮助我们理清当下为什么会有这样的感受和状态，帮助我们思考用什么办法可以应对和解决自己的状况，甚至没准儿还能帮助我们发现自己的文字天赋，让我们成为作家和编剧呢。对，没错，我就是在影射我自己呀，哈哈。

　　除了倾诉之外，还可以靠发泄来释压。比如，找个没人的地方哭出来，大喊，发脾气；或者去一些解压场所乱涂乱画，摔东西，"搞破坏"；去飙歌，去开车，去运动，都会很有帮助。我自己就是个"哭包"，我也很感谢有这么一个立竿见影的排毒方式，没有让我必须把不开心憋在心里。以前，我和同事们去唱歌的时候都喜欢唱情歌，最近的一次，我点了很多摇滚风的歌曲。聚会结束的时候，同事说，他下次也要点这些歌唱，因为唱完了会感觉很爽很释放。小时候家长常常要求我们听话，做个乖孩子，所以成长的过程中，我们对意见和愤怒的表达常常被压抑着，很少发脾气，甚至都不会发脾气。很多人甚至发现，当他学会合理地发脾气之后，自己的状态有了很大的好转。所以，表达我们的不开心和愤怒，不要总是去压抑它们，对我们的身心会更有益处。

　　除了倾诉和发泄，还有一个很有效的情绪出口，就是拥有自己的小世界。这个方法在艺术工作者身上会表现得更加明显，比如音乐家、画家、导演等等，我也因此比较支持家长们培养孩子学习一门乐器或者一项技艺。这样，孩子在此后漫长的岁月里，不太可能会完全没有收入来源，更重要的是，当他遇到不开心的那些时刻，都有一个自己的小世界可以给他的心灵提供栖息之地，可以让他不压抑自己，把自己的情绪在这个小世界里释放。

给自己找些出口，多表达和多释放自己，通则不痛。

如果一个人能把他心里的不痛快、心里的结表达出来，哪怕是发脾气，那他就不至于一直走不出心理困境。最怕的是不表达，憋着才是最危险的。

让大脑帮我分泌多巴胺

要让泄了气的气球重新饱满起来，就要再充一些气。

所以，我做的第三件事就是去做所有可以分泌多巴胺的事情，给自己注入快乐。

多巴胺是一种神经传导物质，它能够传递兴奋及开心的信息，所以促进多巴胺的分泌可以让心情变好。我会用吃、娱乐、运动、旅行和做喜欢的事情等，来有意识地促进多巴胺的分泌。

吃我爱吃的东西或者含糖的食物是我快速提升幸福感的方法之一。比如我会在网上搜很多我爱吃的米粉，或者小吃和家乡菜等等，如果心情不好了就去吃一顿，会缓解很多。而蛋糕、巧克力、可乐、奶茶这些含糖的食物也会对我的情绪有提升作用。不过，吃过多的糖分对身体不好还容易使人发胖，所以我只是偶尔

在贵州的一个苗寨的早餐摊儿，
我吃到了有生以来吃过的最好吃的一碗米粉，
但是照片遗失了，
所以，
换一盘好吃又美貌的烤鸡

吃一两次甜食用来减压或奖励自己，不会长期和大量食用。此外，有些疾病是不能吃甜食的，所以，在吃这件事上，如果是正在看医生的人，还是要先遵循医嘱，防止对身体造成损害。

看搞笑的电影、电视剧、综艺或者偶尔玩个游戏，也都是能够帮助我迅速获得开心的方法。比如《王牌对王牌》《脱口秀大会》《奇葩说》等都能给我带来快乐，让我能发自内心地哈哈大笑。另外，近几年兴起的各种播客节目也做得不错，我在小宇宙软件上就听了很多有趣的内容。我常常会在走路的时候戴着耳机听，听到特别好笑的地方很想笑又不好意思让人看见，我就会赶紧把脸捂上，偷偷张嘴笑一下。

运动其实是比较健康且公认有效的分泌多巴胺的方式，甚至有一种说法：与其说坚持运动的人是自律的人，不如说是因为运动能让他们感到快乐。每个人的身体情况不同，适合的运动也不一样，可以选择自己比较喜欢的方式。我就不太擅长跑步和爬山，所以我会选择暴走、有氧操和跳舞等等，我一次最多可以暴走十几公里。不过，运动也要适量和循序渐进，剧烈的超出身体承受能力的运动反而会给身体带来损伤。

我是一个对世界充满好奇的人，所以不管是去大海、山川、草原等辽阔壮美的地方，还是去很有特色的城市和乡村旅行，都可以给我带来很大的愉悦感。2019 年，我进行了大大小小十二次旅行。2020 年，我买了车，几乎每周都出去逛逛。当我见了天地，**很多想法也会有所改变，有一些以前很在意的事情，慢慢地也就**

变得微不足道了。

　　我还比较喜欢拍视频、录播客和写东西，每当我做这几件事的时候，我就感觉非常开心。有的人喜欢弹吉他，有的人喜欢下厨，有的人喜欢种花，有的人喜欢养宠物……这些真心喜欢的事，不但如前面所说，可以成为我们的小世界，让我们的情绪都在这里释放，而且也是多巴胺最有效的补给站。

　　用你自己最喜欢的方式，让大脑分泌多巴胺吧，塞进快乐的因子，稀释不开心。

📙 掌握方法让自己心境平和

　　要防止绷得过紧的皮筋断掉，就要减少拉伸，让它放松下来。

　　所以，我做的第四件事就是让自己平和与放松，缓解紧张，减少情绪的巨大波动。

　　感到很累或者抗拒去上班的时候，只要不是非我不可的工作，我就会请一天假。年假用完了用病假，病假用完了用事假。有时候，即使是非我不可的工作，当我请假了，我也会发现，其实，也有解决办法的。有一次，一个朋友告诉我他快要炸了，我就说："那你就说你头疼，胃疼或者肚子疼……需要去医院，请半天或者一天假，并且提示主管和同事你可能无法在线办公。你回家或随便去一个想去的地方，缓解一下，放空一下，或者思考一下都行，不要理工作，让自己松弛下来。也不用觉得这有什么可耻的，累了休息一下很正常，崩坏才是你和所有人都不希望发生的。"这个做法通常可以让我们和同事们甚至主管都体验一下，事情是否真的有那么严重和紧急，不得喘息。我请了假，有时候会在家好好睡一觉，有时候会看看喜欢的书和电影，有时候会出去找个地方玩一下，顺便吃点好吃的。总之，先给自己按个暂停键。

我以前喜欢听的音乐要么是特别悲伤的情歌，要么是特别激昂的励志歌曲，所以我常常会时而沉浸在悲伤中落泪不止，时而又充满了力量激动万分，总是让自己处于大起大落的情绪中。后来我会有意识地换一些舒缓的、唯美的、治愈系的音乐，我的心理状态就会明显地平和放松很多。这种风格的音乐人，我自己比较喜欢的是宫崎骏动画的御用音乐大师久石让和中国音乐人毛不易。另外，戴荃有一首《青山白云》，我将它推荐给很多人后，大家都觉得这首歌非常治愈，能够瞬间让心情变好。

我还非常喜欢看治愈系的影片，比如值得全部刷一遍的宫崎骏的动画电影和是枝裕和导演的电影，还有《小森林》《幸福的面包》《海鸥食堂》等。另外，德国电影《海蒂和爷爷》、伊朗电影《小鞋子》、日本电影《白兔糖》、中国电影《西小河的夏天》等，都是我非常喜欢的。很多纪录片也非常不错，比如绝美的《航拍中国》、特别烟火气的《人生一串》以及综艺节目《奇遇人生》和《很高兴认识你》。治愈系的影片大部分都是文艺片，我有时会觉得它的节奏太慢了，有点看不下去，但是只要我坚持看完，就会有平静和舒缓的感觉，就会被深深地触动。

　　我每天睡前都会读一会儿书，它常常能迅速地把我从焦躁或激动中拉出来，让我进入平和的状态。我个人比较喜欢散文、传记和诗歌，年轻的时候会很喜欢读毕淑敏和席慕蓉的书，因为读起来很放松，很美。后来就特别喜欢看电影人写的关于他们的所思所想以及如何创作人物和作品的经历的书。比如贾樟柯、许鞍华、是枝裕和等导演写的书，我都挺喜欢的，书里面充满了艺术工作者对人生和周围的人及环境的体察，充满了他们在时代变迁中的变化和思考。

　　一些需要有耐心并进行细致操作的事情，也可以帮助我们平和与放松，比如种花、钓鱼、画画、做手工等。我有一个特别的爱好，就是喜欢整理房间和打扫卫生，每次都要细细慢慢地搞几个小时。看着被我整理和打扫完的房间，我会觉得特别舒适和治愈。我突然觉得，说不定整理师也是一个很适合我的职业呢。

　　最近几年有一个比较流行的让人放松下来的方法叫冥想。我目前还没有真正地或者主动地去做过冥想，所以对此不太了解。不过，我今年在改善睡眠状况的时候，做了一个叫"身体扫描"的练习，对我比较有效。这个方法是一位心理学专家在网上说的，我按照自己的理解做了一个粗糙的版本。我的方法大概就是从头发开始默默地去感受身体的每个部位，不出声，脑子里默默描述，慢慢描述。比如："我的头发，有些白，但是整体很柔顺，很强韧；我的额头，有点宽，微微开始长细纹了；我的眼睛，大大的，有光，很清澈……"有时候还没有描述到腿和脚，我就睡着了。我估计冥想可能也是这个原理，本质上就是起到两个作用：一方面让人放松下来，一方面让人排除杂念，停止胡思乱想和过度思考。

我最喜欢的放松方式是旅行，走出去能让我远离浮躁，静下心来。旅行的时候，我整个人都被眼前新的世界占据了，原本的自己的一切好像都消失了，好像都是另一个世界的事情了。即使真的有工作的信息找来，遇到不紧急的，我会告知对方我目前暂时无法处理；紧急的，就赶紧切回原本的世界处理完，然后马上又回到眼前的新世界。这也是旅行能让我觉得特别受益的原因。今年我又去了一趟海边，选择了开窗即可见海的民宿住了几天。每天清晨打开窗户看海上的日出，听着海浪的声音发呆，真的特别治愈。

在北戴河的沙滩上发呆

2020 年的 1 月，是我走出阴霾之后的第一个生日，当时虽然正好是个周末，但是我没有像往年一样，呼朋唤友，聚会娱乐。我订好了蛋糕后出门去办了些事情，傍晚回来后把家里收拾干净，坐在沙发上吃起了甜甜的美味。吃蛋糕的那一刻虽然没有生日歌，没有欢呼，但是我突然觉得特别美好，突然觉得拥有了一种已经消失了很久的平和、恬淡、舒适的感觉。那一刻的感觉让我明白，原来并不一定非要开怀地大笑，拥有这样简简单单的平静的日子、平和的心境就已经很棒了，这远比那些汹涌激烈的难过、哭泣、嘶吼要美好很多。

暴怒伤身，对生活百害而无一益；多巴胺虽好，但是过度分泌也承受不了。不如让心境平和，身心舒缓。就像毛不易作词并唱道的，"一切都是柔软又宁静。"

增强钝感力，减少敏感带来的负面影响

还记得吗？分析原因的时候，敏感是我非常容易致郁的特质。所以，我决定尝试一下增强钝感力，活得大条一些。

我觉得，钝感力强、神经大条的人的特质，大概是并不觉得有些事情有问题，并且，忘得快。

比如那些我身边类似的朋友：

我问他，你不觉得某某某做的事情很让人生气吗？他会一脸迷茫地回复，没觉得呀！

我问他，某某某说的话你不介意吗？他会一脸惊讶地回复，啊？他说什么了？不记得了呀！

不管是基因还是后天的影响，这无疑反映了他们与我看问题

的视角不同。

　　主管把原本跟我沟通好的项目给了别的同事，我感觉主管已经不认可我了，因此而伤心难过。但是，如果转换个视角，主管这么做，可能是觉得另一个项目更适合我，更能发挥和锻炼我的能力。如果这么想，我就可以少些不开心了。

　　除了改变视角，我还会让自己多关注事情本身，少沉浸在情绪中。感受和情绪很重要，没有人能够躲开它们，甚至也不应该屏蔽它们。但是在感受和情绪引起了强烈的不适，又无法短时间内改变现状时，可以尝试把时间和精力引向做事本身，降低感受和情绪的副作用。比如我后来会积极地把当下负责的每一件事做好，积极地用各种方法尝试解决遇到的问题，最终，问题解决了，事情完成了，情绪也缓解了。

发了我的白头发照片给朋友看，
他儿子说这不是美好阿姨，
这是艾莎公主

　　增强钝感力，才会少些烦恼，多些快乐；增强钝感力，才会少生气，毕竟我们并不想让自己成为一个刺猬，使得无人敢靠近。

　　但是即使增强不了钝感力，也不用焦虑，没有人可以做到完全无感，我们也只不过是想降低一些敏感的负面影响而已。而且，我自己最终在这个问题上取得突破性的进展，是在我对自己的认知不断加深之后。认知自己也是我认为对抗敏感给我带来的负面影响的最有效的方法。这是因为敏感的负面影响基本上都是因为我们太在乎别人的评价，改变我们对待评价的态度恰恰就需要对自己有认知。认知自己能让我们明白自己到底是谁，自己究竟如何，从而知道自己应该如何对待别人的评价。关于我是如何进行自我认知的，我会在后面的内容中叨叨给大家。

■ 给自己找个"玩具"，转移注意力

想要多关注事情本身，少沉浸在情绪中，除了积极地把当下负责的每一件事做好，还可以尝试做更多其他的事，转移注意力。不同于慢慢地增强钝感力，转移注意力是我每次想摆脱不开心时最快速起效的方法。

我们大部分的不开心和烦恼都源于一件或者几件事情的刺激，比如大部分人做了父母之后都会变得焦虑，因为他们的注意力会聚焦在孩子身上。尤其是全职妈妈，因为她们连原本可以转移一些注意力的工作和社交也被迫切断了。父母催婚也是同样的道理，无非是他们的注意力都集中在了子女还没成家的问题上。而占据了我们每天至少三分之一时间的工作，自然就无可避免地成了我们焦虑的重要来源。那些一个动作和一句话就能牵动我们情绪的

人，不过就是因为那段时间，我们的目光只投向了他们。

如果我们的注意力一直都在这些事和人上，不能做到少关注或者不在乎，就势必会放大这些事和人对我们的影响，从而一直被困在其中。而找到另外的事，把我们的心思和精力转移走，就会减少因过于关注这些事和人而引发的不开心和困扰。比如，帮助全职妈妈疏解心情和解除父母催婚压力的比较有效的方法就是给他们一些其他的事情或者让他们认识一些新的人，转移走他们的注意力；而要缓解工作的焦虑，我们就不妨多关注自己的生活。

我首先会沉浸在自己的爱好里，把注意力转移到我喜欢的东西上去。比如前面提到过我喜欢看电影、开车和旅行，所以一旦我某天或者某段日子心情不佳，我就会首先尝试放下那些事，去看几部片子或者开车出去逛一圈，要不就干脆来一趟旅行。

高质量的电影和纪录片不但可以有效转移注意力，还可以让我觉得时间没有被荒废，并常常可以带给我新的启发。如果你不知道选什么电影看，可以先把豆瓣电影排名靠前的都刷一遍，或者去找自己感兴趣的评分比较高的电影。名人的、爱情的、喜剧的、"烧脑"的、文艺的、商业的、历史的，一定会有你感兴趣的类型，也一定会有能带给你启发的片子。哪怕只是让你开心了两个小时，也有非常正向的意义。

开车除了可以找些好玩的好吃的到处去逛逛带来很多乐趣之外，还有一个好处就是，开车一般要相对专注，会占用眼睛和头脑较长时间，所以也可以很好地把注意力从正在困扰的一些思绪中拉出来。我听一个演员说过，他很喜欢开车，因为他觉得开车有一种前进感。我想，这也是开车会让我莫名感觉到拥有力量的原因之一。我曾经提议一个很爱玩但是暂时找不到转移注意力的事情的朋友去买辆车，希望那会是他转变的开始。

带着我的小车去看樱花

我会选择去没有去过或不太熟悉的地方旅行，新鲜和未知的一切需要占用大量的精力安排和探索，又可以把我从现有的工作和生活中抽离出来一段时间。前面提到过，我心情一直不太好的2019 年，一共进行了大大小小十二次旅行，给治愈我立下了汗马功劳。

　　而且，看电影、开车和旅行都是见天地的方式，只有见了天地，我们才能明白自己想要什么，才能知道更多的解决问题的方法。**很多时候，我们烦恼、困扰，无非是因为知道的、见过的和经历的都太少了。**当然，也不用非要带着具体的目的去做这些，先行动起来，总有一天，我们会发现它们的作用。

自己在家录制脱口秀，哈哈，
能看出我手里拿的是电视机遥控器吗？

　　电影、开车和旅行虽然简单易行，但是持续性比较差，也就是适合短时间转移注意力，而涉猎和学习一些新的东西往往可以给我提供一个相对长一点时间的转移注意力的机会。我今年尝试过录播客、拍视频、写段子、说脱口秀以及学花艺、学跳舞等等。我的朋友中，有的人会去读在职研究生；有的人会去学习潜水、烘焙、营养师甚至中医等。这些不但丰富了我们的业余生活，使我们交到了一些新的朋友，让我们拥有了很多技能，把我们从工作和生活的烦心事中拉了出来，而且还会在尝试的过程中不断地帮我们认知自己。我自己还因此转变了职业道路，开启了新的人生篇章。

除了涉猎和学习新东西，我还找到了一个可以最长时间转移注意力的方法，那就是找到目标，为之行动。这也是帮助我最终走出阴霾，以及对抗后来出现的所有不开心时刻的最有效的终极方法。正因为有效，所以，找到目标很难，甚至我们一生都要不断地探寻。我在本书后面的内容中写了我当时是如何找到目标的。一旦有了目标，哪怕只是短期的，我们就有了希望，就会把注意力和精力都转移到这个目标的实现上。原本困扰我们、令我们焦虑的问题也会变得越来越不重要，我们也就可以逐渐从不良情绪中走出来了。

愿我们的手边永远都有心爱的"玩具"。

去"认识"一些像我一样苦战的人

我很喜欢看一些跟我有类似经历的、相似特质的或者我向往的人的故事，希望这些故事能给我些启发，希望这些人能给我些力量。

因为曾经特别想开个小店，想周游世界，想当个作家，于是我就会去看一些关于女店主、女旅行者、女作家的电影，或者一些女性的自传。又因为我一直都是一个人远离家乡在大城市打拼，所以我也会看一些描写女性在大城市奋斗的作品。网剧《北京女子图鉴》中有这样一个情节：女主角的妈妈来看望在北京工作的女儿，妈妈要回老家的时候告诉女儿她包了饺子冻在冰箱里，叮嘱女儿记得煮了吃。看到这里时，我的眼泪唰地掉了下来，因为我的爸爸妈妈也做过同样的事情。

所以，在 2019 年陷入阴霾的那段时间，我开始找与抑郁情绪有关的电影，用我最喜欢的方式，去"认识"一些像我一样苦战的人。虽然有关这类内容的电影比较少，但是我还是很幸运地搜到了一部堺雅人和宫崎葵主演的电影《丈夫得了抑郁症》。当时的我正好处在一个非常敏感、容易受刺激的时期。如前面反复提到的，只要我踏入某个环境，见到某些人，听到某些话，我马上就像快要爆炸了一样。而当我在这部影片中看到男主角陷入阴霾时跟我非常相似的状态，感受到世界上也有同样的人在过着同样艰难的岁月时，我便觉得被深深地理解，获得了共情。

让更多的人共情，看到自己，看到希望，也正是影视和文学作品的创作初心和存在意义之一。如果说作品里的人物和故事可能有艺术加工的成分，那么很多真实人物的经历会更直接有效地让我看到自己。

有一位优秀的音乐制作人叫尹约，那英的歌曲《默》和周深的歌曲《大鱼》作词都是她。我去年看了她的一篇专访，专访中她提到，长大后她才意识到，她从小一直力争上游，跟她是个在重男轻女的家庭里长大的独生女有很大的关系。因为这使得小时候的她觉得，只有优秀才会获得关注，拥有存在感，也才会让父母脸上有光。也正是因为如此，她最终成为一个对自己要求很高，并在以男性为主的行业里做出了优秀作品，拥有了行业地位的人。

脱口秀演员小鹿在《奇葩说》上大放异彩，第一次参加就取得了第二名的成绩。我后来也听到了一个她的音频专访，她提到，她也是在重男轻女的家庭中长大的，爷爷奶奶对她的哥哥特别好。他们家最会搞笑的是她的哥哥，于是她从小就很向往像哥哥那样搞笑并能被爷爷奶奶疼爱。正是在这份向往上的努力，成就了今天给很多人带去爆笑的她。

她们的故事让同为重男轻女的家庭中长大的我得到了深深的共情，让我一下子就明白了为什么自己明明不是一个希望拥有一番伟业的人，却从小到大都力争上游，给人一种积极奋斗、非常上进、努力拼搏的感觉。其实不过是因为优秀曾被我认为是唯一能让亲人分一些关注和爱给我，能改善家里状况，能让我变得有存在感和自信的方式。

当然，如果我们能与身边的人互相共情，互相理解，无疑会获得更好的治愈。只是拥有相同经历的人，在我们的身边不一定容易找到，好在我幸运地遇到过。在原生家庭里的生活，我只有很短暂的几年是快乐的，大部分的记忆都是父母的关系不太好。所以，你应该还记得，我的性格里因为原生家庭的情况会有一些自己的恐惧和坚持。有一次，我跟一个同事沟通工作上的事情，结果我们却从工作聊到家庭聊了很久很久。没想到，虽然年龄比我小很多，但是同事的家里也有跟我的家庭很相似的一些情况，也就是父母的关系不是很和谐。我们聊得越多越发现两个人非常能理解对方的心境，理解对方为什么是如今这样的性格。而且，这几年，我已经用自己的方法让父母的关系变好了很多，所以我就把我调节父母关系的方法也分享给了她，我们互相安慰互相鼓励。虽然全程都哭哭啼啼的，但是我们都觉得终于有人能理解自己，都觉得得到了很大的释放和释怀。

在大理旅居的朋友带着我在洱海边骑行
我们每天聊到凌晨，
整整聊了一周

我们的人生，会是一个一直需要解决问题、升级打怪的过程。每个阶段都会遇到不同的怪兽，我们打败每个怪兽通关后，又会出现新的更强大的怪兽，甚至有时候会同时出现很多怪兽。

我们的人生往往像一场战斗，甚至是一场苦战，而且几乎不会有终极关卡。每个人都是如此，只是每个人遇到关卡的阶段、难易程度和每个人打怪的功力不一样而已。

所以，从来都不是只有你或者我一个人在战斗，一个人在面对困难，一个人在不开心、焦虑、痛苦甚至堕入黑暗。

因此，让我们去"认识"一些人吧，与他们共情，获得理解，得到治愈。

这也正是我一定要写下这些文字，把自己的故事、思考、行动和结果分享出来的初心。

如果你身边有朋友正在经历着不开心或痛苦，最好的帮助他们的方法就是给他们看一些相关的文艺作品和人物故事，或是带他们认识一些有类似经历但是成功走出来的人，帮助他们获得共情，得到理解，看到希望。

如果你觉得我的故事也能起到这样的作用，很欢迎你能用各种方式告诉我，或者告诉你的朋友。让大家不再觉得自己是一个人在苦战，让大家可以看到希望，看到一个普通人完全可以走出阴霾的希望。

🟧 跟自己和解，放过自己也理解他人

　　我曾提到过，以前，我家的经济状况一直不太好，不但是家族中最差的，甚至还极度贫穷过很多年。所以，为父母养老和让自己永远有饭吃这两个压力困扰了我很多年，让我特别没有安全感，不断地逼自己奋力向前，生怕不努力，不上进，不争先，我就会无法养活自己更无法让父母安度晚年。不过，2019 年陷入阴霾的时候，我认真地思考了这两个压力以后，突然就跟自己和解了。

　　我想了一下，其实我的父母有退休金，可以保证他们自己的衣食。赡养他们之所以让我有压力，一方面是我希望他们住得好一些，另一方面也就是最重要的，是我怕他们年迈之后万一需要大量的医疗费用，我承担不起。但是我回想起了很多年前，最疼爱我的外婆去世的时候，无论我有多么不舍，也终究无能为力。这种无力感，让我体会到了人生无常，让我觉得每个家人都有彼此的缘分，即使再不舍和不愿也不一定能有办法阻止缘分的散去。所以，我给自己的和解是，当需要面对父母健康问题的那一天到来的时候，如果我能够拥有足以治疗他们疾病的钱，那自然是最好的；如果事与愿违，我就跪在爸妈床前说："女儿尽力了，这就是我们一家三口在这世上的缘分。"其实每当设想到这个情景，我的眼眶就会湿润甚至掉下泪来，但也正是这个想法让我突然就释然了，突然就觉得不再有那么大的压力了。

　　因为没有强大后盾支撑，因为财产不够安度余生，因为工作

常有诸多不顺，因为身体已然大不如前……所以我以前常常会想：
如果我不奋斗了，我不上班了，未来我住在哪里？拿什么维持生
活？如何让自己永远有饭吃应该也是很多在大城市打拼的人焦虑
的问题。后来，有两件事促成了我跟这个压力和解。一件是我找
到了我未来人生的一些目标，而这些目标如果达成了，我可以是
个自由职业者，可以不太需要以到一家公司上班来获得报酬；另
一件事是其实包括我家乡在内的很多小城市的房价都只是大城市
的零头，消费水平又不高，我可以去小城市买个小房子，生活的
压力就不会那么大了。想到这里，我突然觉得自己有了退路，有
了安全感，甚至突然对隐居在一个小城甚至小村子里产生了无限
的向往。

虽然我的人生还充满了未知，最后也不一定会按照这个"剧本"
进行，但是有了和这两个压力的和解，我便不会再不断地把自己
送上战场，不会再不断地去做那个感觉不到快乐的自己，也不会
再为未来的一些情况而终日惶恐。

除此之外，我还跟自己和解了关于我的性格特质和情感经历
中自己感到苦恼的一些问题。

比如以前我不能理解为什么我跟别人吃饭，即使是别人有事约
我，我也坚持要请客付账；我不能理解为什么我特别喜欢帮助别人；
特别喜欢送礼物给别人……这不但会令我疑惑，还常常会招致很
多误解甚至被人利用和伤害。后来，我才明白，不管是原生家庭、
成长经历还是职场经历，都让我形成不付出就不会得到爱的想法。

于是我就会做很多我觉得可能会令别人喜欢的事情，希望由此来获得别人的喜爱。其实我送别人毛绒玩具，送别人回家，给别人制造惊喜，等等，无非就是因为我小时候一直希望有人送我毛绒玩具，一直希望有人送我回家，一直希望有人惦记我给我制造惊喜，所以我才会对别人这么做。我甚至以为只要我这样做了，别人就也会这样对待我。我明白了自己这些行为背后的深意之后，便能够与自己共情，逐渐跟自己和解。我知道了自己不是别人口中的冤大头，我也不用一定强迫自己停止这些行为，**我只需要抱抱自己，并对自己说："以后，不用再觉得自己必须付出，才配被给予。"**

后来我特别喜欢给自己买毛绒玩具，
这些是目前留存下来的毛绒玩具精华组

人人都可能会在感情上遇到坎坷，我也一样。其实上学时，我曾经同时被很多人追求，甚至还包括当时的"校草"。但是那时候我还年轻，也以学习为重，根本就没有在意这些。大学毕业之后，我感情的路一直不太顺利，近几年，更是连"桃花"都未曾出现过。我常常会因此陷入自我怀疑，不明白是哪里出了问题，不明白为什么自己不再被爱神眷顾。但是突然有一天，我听到了一些事，我也就跟自己和解了。2019 年的春天，我喜欢过一个人，但是他并不喜欢我，只是把我当作有过一些交谈和合作的同事，这件事曾让我难过了一段时间。一年之后，我无意间从另一个同事那里得知，他这两年也因为喜欢上了一个女生却求而不得从而难过和无奈。那一刻，我突然很心疼他，就像很心疼当时的自己一样。其实，谁又不曾在这条路上艰难前行，伤心遗憾呢？跟自己和解之后，我也不再自我怀疑，不再思考自己究竟是哪里不够好。**爱情，就让它这么玄妙着吧，它不是耕耘就可以有收获，可能这也正是它的迷人之处吧。**

我一直认为，我最大的天赋和最优秀的能力之一就是换位思考，所以我一直觉得自己是个非常善解人意的人。但是，我发现当我一旦陷入不良情绪，尤其是不良情绪比较严重的时候，我便仿佛自动丧失了这项理解他人的能力。

比如我一直感觉身边没有契合的人，很难有人理解我。我走在路上的时候会突然觉得某处的一丛花花草草很美，但是朋友们会觉得这有什么好看的；我会在海边的沙滩上发呆很久，还特别开心，但是朋友们会催我赶紧离开；我就是非常热爱创作，但是朋友们会觉得我总是不务正业……但是，我换位思考了一下，这个问题也就解开了。首先，别人看到的只是我的某一些方面，不可能看到我的全部，就跟我对别人的看法也会失之偏颇一样，所以没有人可以完全理解另一个人；其次，我认为美好的事物可能别人并不喜欢或者早已厌倦，就跟有人觉得榴梿是美味有人觉得无福消受一样，所以也不应该苛求身边的人都跟我有相同的感受。于是，我放下寻求理解的执念，自己旅行，自己发呆，自己创作……自己喜欢的事情自己去做就好。同时，我也理解别人有自己的想法和做法，求同存异。

比如，前面说过，我是一个多思的人，而且多思也是我非常容易致郁的特质。我甚至觉得，我感情上的不顺利，有的时候就是因为我会自作多情，哈哈。只要对方对我有一点点的照顾，比如给我盛个汤，给我夹个菜，说句温暖的话，我就会无比感动甚至觉得是不是对方也喜欢我。后来我才意识到，这不过是一个善良的有教养的人的正常举动，只是我把自己的感受放大了而已，最后徒增悲伤。我可以有我的感受，但是我也希望自己以后能尽量理解他人，理解他人并不是我以为的那样，不要过度解读。

不过，减少过度解读，最终是微信和朋友圈帮我习得的，因为这里常常是引发矛盾的重灾区。以前，如果我发了朋友圈，我认为很重要的人没有给我点赞，我就会觉得，这个人是不是不在意我；如果我发出去的消息没有被很快地回复，我就会觉得，我对这个人来说是不是不重要；如果朋友一直没有回复我的某条信息，甚至很久都没有联系过我，我就会觉得，他是不是讨厌我；如果对方曾经是我很好的朋友的话，我可能会更生气，觉得我都对他那么好了，他竟然对我这么漠然。后来，我反观了自己，问自己：气什么呢？这不也正是我自己吗？我也做不到对每个重要的人的每一条朋友圈都点赞，也做不到对每个人发来的信息都及时回复，更做不到和每个人都时常联系，那我又怎么可以用自己都做不到的事情去要求别人呢？我希望别人理解我但是我却并没有拨一份理解给别人。对方没有给我的朋友圈点赞可能仅仅是因为没有刷到和注意到那条；对方没有很快回复我的消息，可能仅仅是因为当时正在忙或者有其他的事情没有看手机；对方很久没有联系我，可能仅仅是一直在忙或者不善于表达。

我都想好了，我不是特别喜欢演内心戏、常常在脑海里自导自演剧情吗？我决定用这个"奇葩"的爱好和技能去写小说或者剧本，没准儿还能真的有点价值，而不是用在实际生活中，徒增烦恼。如果你也抑制不住自己的过度解读，那不妨也一起试试这个方法吧，没准儿小说可以大卖，哈哈。

当然，有时候我也会怀疑，怎么去判断到底有没有过度解读呢？没准儿对方真的就是这么想的呀？那理解他人岂不是就成了自我欺骗？后来，我告诉自己，以后，再面对这样的问题，最好去勇敢、坦诚地沟通，不要再独自揣测。如果没有沟通的可能性，那就不去纠结和较真儿，也不用抗拒自洽和恐惧被骗，一切按照我希望看到的样子去理解，毕竟我的目的是不想因为另一种解读而陷入不开心。如果觉得实在做不到理解他人，也没关系，先放在一边，停止在意、关注和思考，减少这件事带来的烦恼。

世界上不存在完全相同的两个人，别人某个时刻之所以做出某个行为，可能是他的性格使然，可能是他迫不得已，甚至可能是他也正经历着或者经历过不为人知的苦痛。我们即使不认同，不喜欢，甚至感受不好，但是至少可以尽量理解和宽容，就如同我们理解和宽容自己一样。

当我们能与自己和解，我们便放过了自己，释放了压力，并且会少很多自我怀疑，自我否定，也会更爱自己。

当我们理解了他人，我们不但放过了他，也又一次放过了自己。

珍视自己所拥有的一切，懂得知足

在 2019 年的十二次大大小小的旅行中，我生平第一次踏进贵州。有一天，到了黔东南的一个相对原生态的、还未大力开发旅游产业的侗寨。我一个人在寨子里闲逛，路过一些开着门的人家，下意识地往屋里看了一眼，我能看到的就是如今已经很少用到的一个词——家徒四壁。寨子里很多家庭依然过着刀耕火种的生活，自己织布和种地，并以此维系生计。他们那里的集市上售卖的都是七八十年代常见的物品，价格也非常便宜。他们居住的地方往往都在需要开车开很久很久才能到达的深山里，我在车里看到路上有扛着农具缓慢前行的老人，无法想象他们如何才能走完这么长的路回到家里。

贵州深山之行彻底颠覆了我的世界观，我以前常常难过于没有钱、没有爱、没有美貌、没有自由、没有好多好多……但是，其实只要我回望，我就可以看见我有好吃的、有好穿的、有屋住、有过爱、有朋友、有父母、有健康、有自由、有好多好多……

虽然我没有苗条的身材，没有大长腿，没有适合上镜的巴掌脸，但是我拥有健全的身体，拥有还相对健康的各个器官，拥有白皙的皮肤，拥有并不近视的双眼。我可以尽情地去探索这个世界，去做我喜欢做的事情，能看能听能跑能跳能写能唱。

虽然我的家庭有很多问题，甚至让我拥有了很多伤心的过往，但这也让我很早就独立，可以自己做决定，自己管理和掌控自己的生活。

虽然如今我还是一个人，也经历过很多感情的伤痛，但自己曾经不也被很多人爱慕过吗？自己曾经不也是别人的求而不得吗？自己曾经不也被每一任男朋友深情认真地对待过吗？

相比于战争年代，我现在的生存环境是和平和宽松的，不需要颠沛流离，不需要随时面对生死，不需要被武力欺辱。我相信这几年的经历会让大家有非常深的感触，会让我们大部分人觉得此刻还能健康地生活，本身就是一件非常值得庆幸并感到知足的事情了。另外，这些年，我生活上的变化也是翻天覆地的，我再也不用去彻夜排队买火车票，再也不用在火车站等一个多小时的出租车，再也不需要因为忘记带现金甚至钥匙而陷入窘境……这些都让我觉得今天的生活与之前相比已经幸福了很多。

2020 年的秋天，我仅仅参与了三次摇号就摇中了我喜欢的楼盘，选到了我能负担得起也是我喜欢的户型，拥有了生平第一套属于自己名下的住宅。虽然摇号作为一个概率事件，本身并不令人愉快，但是相比之下，我已经比很多参与摇号一两年还迟迟摇不中的人幸运多了。所以不管 2020 年有多少糟心事，我都告诉自己，应该知足。

命运已经给我打开了一些很珍贵的门，我不应该再去介意和怪罪它关上了其他的门。

刘德华有一首歌叫《17 岁》，我很喜欢，是由他和徐继宗共

后来我把摇到号的好地段的房子卖掉了，
却发现现在住的地方的附近，
开满了可以被我一个人承包的樱花

同作词。他在这首歌里回望了自己从懵懂入行到巅峰成就的一路历程。这首歌里表达了很多他的感恩和知足，感恩周润发发掘和提携他，感恩歌迷的喜爱和一路相随，感恩那个一直努力的自己。他非常珍惜和知足于自己所获得的一切。

虽然生活依然有很多关卡和"怪兽"，但是其实生活也给我们带来了很多幸运和美好。正如此刻，虽然你可能不开心，可能正经历着焦虑、痛苦甚至抑郁情绪，但是能有这些文字，能有曾和你有同样经历的人陪着你，不也是一种珍贵吗？

愿我们都可以珍视自己已经拥有的一切。其实古人早就告诉过我们，知足，常乐。

不必深陷当下，所有发生都有意义

随着年龄的增长和经历的事情越来越多，我发现，至少对我来说，一些人和一些事常常只是存在于我生命中的一段时间而已。多年之后，曾经我很在乎的、为之痛不欲生的一些人和事，都终会淡去，甚至完全消失。

大学的时候，我曾经与一个人是非常要好的朋友，但是直到快毕业的时候，我才发现自己非常喜欢他，一心想着毕业时要向他表白。没想到，我毕业前一年，单身了很多年的他突然有了一个异地的女朋友，还兴冲冲地跑来告诉我。就这样，不久之后，我带着伤心离开了学校去外地实习，他也辞了学校的工作去了女朋友所在的城市生活。一开始，我们还是会像好朋友一样联络着，他会告诉我他到新城市的近况。但是有一天，我终于忍不住告诉了他我对他曾有过的感情，谁知从那一刻起，他便不再理我，我们也从此断了联系。

几年后，有一次他来我所在的城市出差，打电话约我和朋友们见面。虽然这么久没有联系，但是电话里的对话一如大学时一般，仿佛我们是好朋友的这种关系从来没有改变过。但是，见面的时候，我们反而没有什么话可说，分开之后也再次断了联系。

多年后，我因为工作变动搬到了离他很近的城市，本来想着可以见见老朋友，结果约了很多次他都不肯出来。

后来有一年，他跟妻子来我所在的城市旅行，我想尽一下地主之谊，没想到他还是不肯相见。那一天，我哭了，不是为曾经得不到这份爱情而难过，而是难过于没想到曾经特别要好的朋友，如今竟成了陌路。不过，从那一天起，我竟然真的放下和释然了，仿佛生命中不曾有过这个朋友和那些过往。

到这里，你是不是以为故事结束了？我也曾以为一切就此结束，可是，别急，故事还没有完。

几年后的某一天，我突然接到了他的电话，约我出来聚聚，他说他的工作变动了，以后会在我所在的这座城市工作和生活，已经举家搬过来了。那一刻，我想：天呐，命运这么有趣的吗？原来我所认为的结局并不一定就是结局。就这样，之后的很多年，几乎每年我都会与他和他的妻子见个面吃个饭，偶尔微信上也会聊两句。我也不再有任何爱意，只是觉得既然命运送回了一个朋友，那就继续这段失而复得的友谊吧。

可是万万没想到，故事到这里竟然又出现了反转。就在去年，他遇到了一些问题，我得知后很担心，希望能够提供一些帮助。于是我就帮他想办法，还联络了我们共同的朋友。起初还一切正常，突然有一天，他对我发了一通脾气。这让我非常惊讶，我再三跟他确认他说这些生气的话是不是在跟我开玩笑，结果又被他说了一顿。我因为这件事伤心了好几天，然后就删除了这个在我生命中兜兜转转多年的人。直到现在，我们再也没有联络过，我也过得挺好的，我相信他应该也过得不错，若不是今天写起这段往事，我甚至很久没有再想起这些事情和这个人了。

我终于明白，即使曾经拥有过那么深的伤心和痛苦，有些人和事，终有一天，也只会成为故事，与我的人生再无关联。每一滴当下流下的眼泪，当然是弥足珍贵的，但是从人生的长河来看，我并不需要让自己深陷其中，因为也许有一天，那些人和那些事就不会再如当初那般重要了。也因此，后面再面对不开心的日子的时候，我都会心存乐观，因为我知道，终有一天，这样的日子会结束，这样的日子会成为过去。如今，我能从 2019 年的阴霾中走出来，也再次验证了这个道理。

有了这样的心得，后来在生活和工作中，每次遇到和其他人产生分歧甚至争执的时刻，我都不会非要辩个对错，争个输赢。

因为我知道，有些事情，不论当时是什么情况，以后回头再看，可能都并不重要。有个朋友跟我提到，他陷入职场争斗，自己几近抑郁，但是他并不甘心离开那个团队，他觉得一定得斗垮对方才解气。但是，在我看来，另谋高就不是更好吗？用一年半载费尽心力争斗，也不一定能赢；就算表面赢了，真实的情况可能也是两败俱伤；即使最后真的大获全胜，很可能工作内容会马上发生变化，又要面对新的人和新的事了。与其绞尽脑汁想各种计谋，不如一开始就用这一年半载提升自己，去找更好的工作和更好的团队。除了正当权益的维护，我们可以把眼界放得更宽些，把眼光放得更长远些。这些某时某刻某段时期的争抢，多年后可能都不会再被我们记起，我们没有必要在乎每一刻的排名和每一时的输赢。

古人曾经告诉过我们：塞翁失马，焉知非福？虽然我经历了家庭、学校、职场和感情带来的伤痛，但是，也正是这些伤痛，让我逐渐成为更好的自己。每一份经历都会让我明白一些道理，每一份经历都会为下一段人生助力。如今，我能去帮助很多人，我能写下这些文字，不也正是因为我曾经经历过非常多的不快乐和挫折吗？有一次，一个同事用了我跟他说的方法处理好了遇到的问题，于是很开心地对我说："你太厉害了！"我说："无非是我跟生活的斗争经验更丰富罢了。"人们常常会说，不要因为不开心而跳槽。但每一个因为不开心而想跳槽的朋友，我都会支持他，然后跟他一起讨论此后工作的方向。在我看来，跳槽无非是又给自己打开了一扇门。而是否能让失马变成得福，要靠我们的努力，也要靠天时地利人和，不存在定数，我们能做的，只有勇于尝试。多年后再回望时，可能正是这些尝试让我们成为更好的自己。

要想做到不深陷当下，确实也不容易，尤其是对于如此有情有义的我们来说。我自己有个小窍门，就是设定"最后期限"和举办"特殊仪式"。首先，如果我希望某件事情翻篇儿，我就会给自己设定一个"最后期限"。比如一个小时后，一星期后，一个月后，甚至，一年后。我会告诉自己，我允许自己不开心，我允许自己再不开心一些时间。但是"最后期限"一到，就不要再想这件事或这个人了，无论如何，就让它过去吧。其次，我会给翻篇儿举办一个"特殊仪式"。有时候我会把让某件事或某个人翻篇儿记在日历里，"最后期限"一过，就把这一条删除，郑重地对自己说一句"翻篇儿了，都过去了，从此刻开始，好好的"；有时候我会跑到江边的"秘密基地"，看着滔滔的江水，对自己说"嗯，都过去了"；有时候我会在醒来睁开双眼后，对自己说"嗯，都过去了，今天又是新的一天啦"，然后开开心心地起床……总之，**给自己一把钥匙，锁上一扇门，打开另一扇门**。哈哈，我有点服气自己了，真的是一个太喜欢对自己讲话的人啊。

相信我，也相信你自己。我们某个阶段所认为的严重干扰我们或者让我们无法释怀的"大事"，很可能只不过是我们生命长河中的一粒尘埃，一捧泡沫，不久的将来很可能就不会再存在了。所以当有些事情和人让我们很难过的时候，我们可以试着潇洒一些，不必那么在意。与其深陷其中，为它不开心、痛苦、焦虑甚至抑郁，不如把时间和力气都花到可以让我们自己拥有更好的人生的事情上去。

把每一次不开心都当作契机，因为，所有发生，都有意义。

在丽江的一家小店，
看上一头小驴，
店主说，
它叫无忧无虑

■ 刻意练习，让快乐成为肌肉记忆

还记得吗？我渐渐失去活力的第一个表现，就是脸上很少有表情出现。这样的一张脸不但让别人不想或者不敢亲近我，久而久之，我自己也习惯了这样一种不良的状态。于是，在想办法让自己走出阴霾的过程中，我告诉自己，不管怎样，先让自己重新拥有笑容，哪怕只是挤出来的。

我想起以前有一种方法是教人们每天早上对着镜子微笑，给自己加油打气。于是，每当我意识到自己正顶着一张面无表情、毫无生机的脸时，我就会做一下微笑的动作，来调节这"苦大仇深"的面部肌肉。形成习惯之后，我会更频繁地这么做，而当我更加频繁地呈现出微笑的时候，微笑反而成了我的常态。我也发现，当表情调节过来后，我的状态自然而然地就好了起来。

如果心情不好的你实在是觉得做嘴角上扬这个动作为难的话，那至少可以再退一步，就是做到不要皱着眉头。大家可以注意一下自己和身边的人，很多人在工作很忙和不开心的时候，眉头都是皱着的。我以前也常常是这样的，因此还有同事曾告诉我，当初跟我不太熟的时候，以为我是个很凶的人。这种表情不但会给别人一种这个人很凶很生气很不好相处的感觉，甚至有的时候还会被别人误解为这个人工作能力一般，因为他在处理事情的时候总会呈现出很难解决的样子。所以，如果你实在无法嘴角上扬，那么至少当你意识到自己又开始皱着眉头的时候，你可以提醒自己，停止皱眉，放松一点。

我之前做管理者的时候，有一次，我团队里的校招生要进行一场实习答辩，答辩的结果会关系到他是否可以从实习生转变为公司的正式员工。在为答辩做准备的阶段，前期我帮他打磨演示文稿，而到了正式答辩的前几天，我开始帮他练习演讲的状态。我跟他说："如果你能呈现出好的演讲状态，那最好；如果不能，那就表演出一种好的状态。想象自己在演戏，去演那个应该呈现出的发光的样子。"我跟他模拟了几次，发现整体问题不大，但还是缺少了整个人在发光、可以点燃全场的感觉。我想起以前面试他的时候，他说他调研过娱乐圈的一个群体，他给我讲述这个群体的具体情况的时候，让我有种大开眼界的感觉，而且他说这个内容时的状态非常有魅力。于是我就跟他说："等演讲结束，你就跟在场的评委说，你还有个东西想跟他们分享，问他们愿不愿意听一下。"我说："评委们大概率不会拒绝你，那你就开始说你面试时说过的那段调研，去说那个你说起来最发光的话题和内容。虽然这跟目前做的工作不完全相关，但是只要这个发光的状态一展现，评委们一定会眼前一亮的。"然后他在答辩现场就按照计划这么做了，结果他不但拿了答辩第一名，而且答辩结束后很多评委来跟我说："你们这个孩子太棒了，尤其是他最后说的那段。"

可见，对状态的刻意练习和表演，是可以收获正向结果的。虽然是被动地调用，但是它能帮助我们获得优良状态的体验，激发大脑和肌肉，甚至让我们拥有想要得到和保持这种状态的欲望。

如果能坚持的话，久而久之，便可能形成习惯和肌肉记忆。

给小狐狸玩偶取名小福利，
我每天都会捏捏它的手，
笑着说一句"小福利，牵牵手"，
作为对自己一天的祝福

我们可以练习一个快乐的人应该呈现的样子，一个放松的人应该呈现的样子，一个精神饱满的人应该呈现的样子。通常，周围的人会对我们呈现出来的这些正面的样子更加欢迎，我们得到正向的反馈，就可能因此获得真实的快乐。可能有人会担心甚至质疑，这不是在自我欺骗吗？但是我想说，你真的认为，那个丧丧的、拥有"扑克脸"的自己，才是你想要的真实的自己吗？

2021 年的春节，我开车带我妈妈和她的朋友出去玩。要是纯做自己的话，我肯定对陌生的阿姨没什么话可讲。但这次我表现得很热情，而且找话题活跃气氛。因为我希望我妈妈快乐，我希望妈妈的朋友会觉得我妈妈的女儿有礼貌，待人热情，不高冷。这样，三个人都高兴，不是皆大欢喜吗？而且，事实证明，那一天，我妈妈和她的朋友都非常开心。

所以，我们就当回演员，好好演戏吧，祝愿大家都是影帝影后。

毕竟做人嘛，最重要的就是开心，何必纠结是什么手段，况且这种手段又没有违法也没有害人。也不必觉得这个方法涉嫌欺骗，因为但凡我们还愿意表演，就说明我们还在乎看我们表演的那些观众。**观众真的受到伤害不会是因为我们在认真和努力地表演，而是我们对他们连演都懒得演一下。这个观众，也包括我们自己。**

八三夭的《我不想改变世界 我只想不被世界改变》（作词：八三夭阿璞）里有句这样的歌词："我不怕偏见，我只怕自己从来没意见，怕活成，没表情的人类。"

希望我们都不要活成没表情的人类。

■ 保持善良，乐于助人，收获笑颜和赞美

别人对我态度不好或者评价不高就会让我受到打击，陷入自卑甚至自我怀疑。于是我想：有什么办法可以让我不管是从别人那里还是从自己的内心，都能收获更多正面的态度和评价？如果有办法的话，别人和自己的态度以及评价就会让我收获快乐，甚至让我变得更好。我想了一下，虽然每个人因为认知和立场的不同，对我的评价不一定一致，我自己也拥有认知局限性，不同时期对自己的评价也不完全一样，但是，有一种品质，是我认为所有人，包括我自己，都会以笑颜和赞美相待的，那就是善良。那不如，我就继续保持善良，继续帮助别人，多去制造因此而来的快乐。

　　我平时在路上开车的时候，如果遇到外卖小哥在没有红绿灯的小路口想穿过马路，我都会在不妨碍交通的情况下把车停下来让他先行。因为我觉得，相比之下，这几秒钟对他们来说更加重要。他们可能因此少一个差评，多一分安全，甚至多送一单。如果在雨天里开车，遇到车道旁有行人或者非机动车行驶的话，我也会尽量减速或者绕开积水的区域，以免水溅到他们。我经常喝瓶装水，以前每天下班，我都会把在公司喝完的空瓶子带回家。有一次被同事发现了，他问我为什么这么做。我告诉他我会把空瓶子攒起来，然后放在家门口，负责我们单元的保洁阿姨会拿走这些瓶子卖掉换钱补贴生活。如果深夜回家或者凌晨出门，我都会轻声地在走廊和小区里行走，轻声地开门关门；如果有行李箱，若不是特别重的话，我也会尽量提起来或者以减少噪音的方式推着它走。

　　工作的时候，当与同事甚至主管发生了不愉快，除了想生气或者与之理论争执外，我也会了解一下对方是否此时身体不舒服，是否最近家里有事，是否当下非常忙碌，是否正在遭遇困难，等等。如果确实如此的话，我会尽量多为别人行一些方便，多宽容一点别人焦躁的状态以及犯下的小错误。记得有一次事出紧急，本应该是一个团队来承担的工作，主管却只安排了我一个人去处理。在我忙到近乎崩溃的时候，主管突然来找我，着急要一个数据。但是我并没有时间去处理并提供给他，他就当着众人的面凶了我一顿。我的眼泪立刻掉了下来。接下来，他把我带到会议室，批评我控制不住自己的情绪。我忍不住告诉他，当时我爸爸正躺在老家的医院里，我忙到虽然离老家不算很远却一直没有时间去看望他。听到这些，主管一下子就缓和了下来，觉得刚才对我的态度有些不妥。但是我也知道，他确实很忙，也不了解情况，所以我没有怪他。我只是希望，当问题出现的时候，除了积极地解决，大家都能善待彼此。

每次遇到流浪的小狗小猫，我都会到附近的小卖部买些食物掰给它们吃。记得有一次我在外面遇到了一只流浪的小猫，感觉它快要饿死了，骨瘦如柴。可惜当时附近没有商店也没有人家，我的车上也没有任何食物。而且我一靠近它就跑开，我没有办法带它走，最后我只能在努力了一个小时却未果后无奈地离去。从那以后，我的车上会常备一些食物，以防止再发生这样的情况。

这些看起来微不足道的小举动，我自己在做的时候，都是自然而然地，甚至已经形成了习惯。这些善意的小举动并没有花费我很大的力气，但是却可以让别人舒适甚至感到温暖，让周围的一切变得美好，并且能让我自己感到快乐。我特别欣赏我的这些小举动，也因此非常喜欢我自己。我觉得，**我做出善意的举动或者看到别人善待这个世界的那些时刻，世界和我，都是我喜欢的很美好的样子。**

我现在最大的快乐来源就是去帮助那些生活或者工作中遇到问题或因为各种原因而不开心的人们。每当有人约我吃饭、跟我通电话长谈，或者在网络上沟通后，觉得心情好了很多，觉得豁然开朗了，甚至觉得又拥有了力量，我都会感到特别开心。他们的笑容和感谢让我觉得自己更有价值。

　　曾经有好几个朋友都说跟我聊完居然特别有食欲。最感动的一次是一个朋友心情非常不好，他来找我的时候已经三天没有好好吃东西了。我们聊完之后已是午夜时分，他居然跟我说他饿了，好想吃东西。于是我们去吃了夜宵，他连连称赞太好吃了，心情大好。回到酒店之后，他发微信跟我说："你今天真是立了大功了。"

　　我之前在做管理者的时候把团队带得还不错，我们团队的同事几乎都很怀念那段在一起的岁月，还有人来向我取经，问我是如何带好一个团队的。但是很多人都不知道，当时的我其实是第一次做管理者。为了能带好团队，我给自己定了几个要求，分别是让大家跟着我有肉吃、有尊严、有快乐、有成长。有肉吃就是让团队的每个人都能拿到好的业绩，有好的工作成果，有好的回报；有尊严就是别人对他们都很认可，都很喜爱；有快乐就是工作的时光尽量是开心的；有成长就是每个人在这个团队工作期间都能成为比以前更好的自己，不管是工作技能、生活状况还是个人状态。我之所以能对自己提出这样的要求，无非就是因为我本着一颗要帮助团队的每个人都成为更好的自己的心去做管理，而不是把他们当作我在职场获得各种利益的工具。

　　不过，我也确实遇到过在帮助别人的时候获得的不是开心反而是难过的情况。我之前带过一个实习生，他刚来的时候我想让整个大部门的同事们能迅速认识他，于是我就在"三八"妇女节的时候自掏腰包，让他去买三十多份礼物回来，并安排我们团队里既跟大家比较熟又跟他合作比较多的同事，协助他将这些礼物分给大部门所有的女生们。这件事情做完后，达到了我预期的目的，效果非常好，大家都跟他熟络了起来。谁知第二天我得知，这个实习生认为我其实就是想使唤他干活，即使我解释了我的好意他也不信。而且他还拿我给他的钱私自给他妈妈和女朋友各买了一份礼物拿回家，觉得这是他被我使唤干活应得的回报，不花白不花。不知道你能不能体会到，我当时知道这一切后有多伤心。

　　还有的时候，我自认为看到了一些朋友的困境，即使对方没有来找我，我也会主动去找他，并试图开解。虽然我是好心，但可能是时机和方式不对，不但没有起到好的作用，反而令对方感

多年前去北京希望之家探望那里的孩子们

到不适和反感。我曾经也因此难过了好几次，后来，我转变了想法，对自己提出了新的要求。我告诉自己，如果不是主动来找我的，我先不要贸然提供帮助，毕竟这"帮助"，在别人看来，不见得是"帮助"。如果是团队管理这种特殊场景，我就明确地告诉对方我是在帮助他，以及尽量征得他的同意，不要让对方不知道，不情愿，甚至产生误解。如果是主动来找我沟通的人，我一定要及时回应。但是，我要多倾听、少讲道理以及不要着急沟通解决方案，不要妄图一下子帮助对方解决问题；如果一定要讲道理，就多讲故事少说理论，多通过描述自己和别人身上发生的类似的事件和应对的过程及结果来让对方自己明白道理，看到解决的方法和可能性。另外，我告诉自己，不要计较回报，无问西东。这么做了之后，果然来找我的人史易十接受我的帮助了，我也个用再常常因为好心帮助别人却不被理解从而获得难过了。

　　但不管怎样，我还是相信，我们善待世界时，不但自己的内心会得到满足，感到开心，还会因此而得到很多人的笑颜和赞美，得到更美好的世界，并因为这些正向的反馈和激励进而获得更多的开心和满足。

　　只要人人都献出一点爱，世界将变成美好的人间。

　　我们一起让世界充满爱吧，快乐会拥抱愿为世界带去善意的我们。

改善不足，拥有特色，变得更加自信

我绝大部分的不开心、焦虑和痛苦都跟我的自卑有关。这个问题如果不解决，可能这一生，我都会持续不断地受其困扰。于是，2019 年尝试走出阴霾的时候，我把解决自卑、变得自信作为最重要的行动之一。

该怎么进行呢？我想了一下：我到底在哪些方面会感到自卑呢？胖？有牙缝儿不敢笑？觉得自己能力不行，无法在工作上一直受到好评？没车没房没有钱？那我就研究研究吧，看看这些情况是不是有办法改善，从而不再自卑。但转念一想，其实我以前也有过众星捧月、整个人都在发光的时候哇，那不如也梳理一下，到底什么情况下我会很自信，看看能不能再次创造并拥有那种自信。

嗯，先从最简单和最明确的，改善肥胖和牙缝儿开始吧。减肥的行动和结果，你已经在前面看到啦。四十斤哦，只要管住嘴，迈开腿，时间会帮我们的。另外，关于减肥，今年还发生了一件很有意义的事情。2021 年秋天，我开始尝试写段子和脱口秀的稿子。其中有一篇叫《胖丫烦恼》，写的是我因为肥胖而引发的各种烦恼和经历的很多有趣的事情。写完之后我自己表演并录成了视频，加上了观众和舞台特效，做了一些剪辑后放到网上。我在最后一段说的是："我现在也想开了，我会努力进行合理的饮食和运动，但是如果脂肪就是舍不得我，想跟我一生一世在一起，那我就不赶它走了，带着它看山看海看世界，听歌听书听笑话，互相取暖，快乐人间。祝大家不管胖瘦，都活成自己的人间挚爱。"这些不但受到了朋友的好评，而且我发现，当我把肥胖的自卑变成了很搞笑的内容表达出来，烦恼和自卑感突然就消失不见了。**我甚至觉得胖乎乎就是我的特色，就是之所以我是我。**而且，如果全世界的每个"胖乎乎"都减成了瘦子，那么，瘦子也就没有了价值和意义了。此刻，应该有掌声，哈哈哈哈。

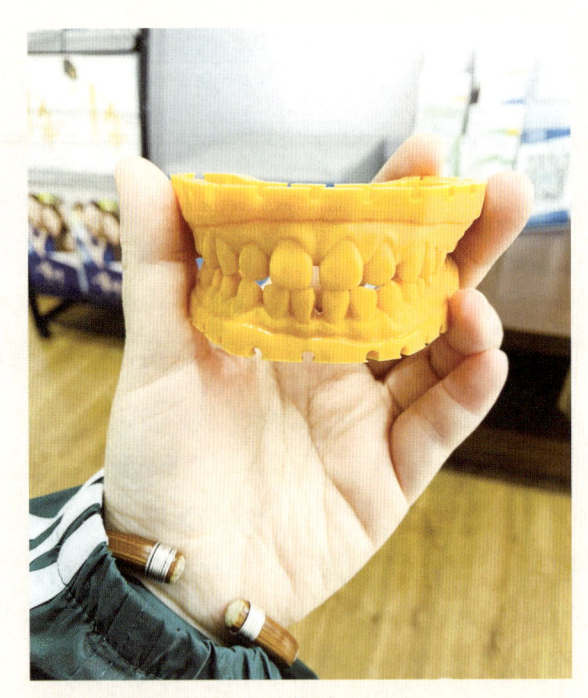

治牙时扫描制作的我的牙齿模型，
看见我可爱的牙缝儿了吗？

　　牙缝儿的问题是这样的，因为我小时候治牙被治坏过，形成了恐惧，使得每次我的牙出问题，我都要拖到实在是不能再拖了，才去治疗。因此，我的牙很少得到妥善的治疗，各种问题日积月累最终导致了我的两颗门牙中间有个很明显的缝儿。虽然这一次，我告诉自己，接下来一定要去把牙的问题处理掉，但是因为依旧恐惧和要花很多钱，我就又开始拖延拖延再拖延。直到有一天，我拍了一个吃菇茑果（一种北方特有水果）的短视频，然后就发现，哇，视频里我的牙缝儿好可爱呀。然后，我就觉得，不用整了，太有个性了。

　　连我自己都没想到，肥胖和牙缝儿的自卑竟然就这样消除了。

　　我之前做管理者的时候，团队里女孩子居多。因为工作太忙，大家常常不好好打理自己。我就用我的"权势"要求她们必须每天洗头、化妆、换衣服，干干净净精精神神地来上班。结果，过了一段时间之后，大家跟我说，她们自从按照我说的去做了之后都可开心了。一方面是自己更喜欢看见自己，每天心情都很好；另一方面是很多同事见到她们都会称赞她们漂亮，也特别愿意跟她们打招呼和寒暄两句。其实这就是我当时这么要求她们的目的，因为我知道这会让她们的精神面貌有改观，更加自信。

　　而关于没车没房没钱的问题，还记得吗？我当时已经跟自己和解了，并重新审视过自己已经拥有的一切，基本上解决了这个压力。况且，如果真的想追求财富，其实是没有上限的，永远不会有真正觉得满足的那一天。即使真的拥有了非常多的财富，我也很可能承受不了获得它所需要付出的代价。所以，这方面的自卑问题，这么一想，就解决掉了。

那么，就剩下对自己能力的自卑了。其实大家都觉得我挺优秀的，但是为什么我自己还会觉得自卑呢？我发现，我无法接受在工作中收到一丁点儿的负面评价。是不是有点变态？对自己和别人都要求太高了吧？嗯，我此刻也觉得有点过了，但是，据我所知，像我一样的人不在少数。因为不想得到负面评价，所以，我不允许自己犯错，觉得那简直就是污点；我渴望被认可，只有好评才能让我开心和有动力工作；我力争上游，想要得到项目，想要拿到奖，想要排名靠前，觉得不优秀就得不到爱。但是，怎么可能会有人没有犯过错？这件事根本就不存在，我这么过度要求自己，这么不能承受，无疑是自己给自己套上了枷锁。没有人是完美的，我也不是，别人对我的认知既不全面也受到各种特定因素的干扰，怎么可能人人时时刻刻对我都是好评？人外有人，永远都会有更优秀的人，我不可能做到在任何领域都出类拔萃，那我又为什么期望自己一定能被分到最好的东西，一定可以拥有最好的位置？哈哈，反问的力量果然强大，我把自己给问醒了。原来，我对自己的要求都是客观规律中根本无法存在的极端情况，简直是自己要把自己逼死。于是，我决定不要这么变态地逼自己了，我告诉自己："你只要继续认真仔细，并尽量解决每次错误带来的问题和吸取教训就好，甚至把它当作优化和成长的机会，而不是惧怕不可能消亡的东西。你又不是无所不能的超能力者，你只

要明白别人为什么会对你有不同的评价，并知道这些评价是否都
是事实以及自己是否需要针对它有所行动就可以了，不要苛求百
分之百的好评。而且，你越优秀，就会有越多的人看见你，你获
得负面评价的概率就越高。没有不优秀就不被爱这回事，没有！
你不用永远力争上游，不用永远逼自己去做最好的那个。"

　　既然这些问题都是我的变态想法，那关于能力的自卑也就消
除了。那不如转过头来，多花点时间，去回想一下我曾经自信的
那些时光，去研究研究，那时的我是因为什么而自信，而我是不
是可以再继续从事那些可以让我获得自信的事。

　　我的第一段自信的时光是大学和毕业前期实习的时候。那时
的我做电台的记者和编辑，做新闻及音乐节目，不仅因为稿件质
量高和产出速度快而受到指导老师们的好评，而且还收获了很多
听众的喜爱。所以，我想，不如我再把创作搞起来，反正现在有
这么多的平台，也不再需要苦苦寻求机会才能发布。嗯，我要拿
作品说话，我要用真材实料建立自信。然后，我就开始做播客，
开始做课件，开始拍视频，开始写段子。再然后，播客收到了听
众的好评，课程得到了学员的感谢，视频被网友点赞，段子更是
让我的朋友们大为惊讶，这些实打实做出来的东西和反馈都极大
地鼓舞了我。后来再有人觉得我工作能力一般的时候，我也不会
觉得自卑了，我会说："是的，我比较擅长创作。"如果他不信，
那我就把我创作出来的东西发给他。如果他还是不以为然，那就
不以为然好了，我知道，我不寻求所有人的认可，因为，我已经

被很多人认可了。

　　我的第二段自信的时光是 2017 年年底，前面大概提到过一点点。事出紧急，本应该是一个团队来承担的工作，主管却只安排了我一个人去处理，而最终，我不仅出色地完成了任务，还主动多承担了一些，为整个项目目标的完成提供了最重要的助力。之所以选择我，是因为主管觉得，在当时众多同事中，我是个多面手，哪里需要可以塞到哪里，而且我基本上完成得还不错。而最后我能够以一顶十，并拿到出色的结果，除了有天时地利人和的因素外，更重要的是，作为一个从公司总部刚过去的人，当时在那个大项目里，我算是相关能力和经验比较突出的一个。所以，我想，如果我以后可以争取做到在一定范围内，拥有独特和稀缺性，并且能力水平可以略胜一筹，就应该可以拥有比较自信的状态了。

　　其实，拥有独特和稀缺性，并没有想象得那么难。我有个同学很多年前实习的时候，一开始一直在端茶倒水干杂活，很是苦闷。有一天，他们部门的主任由于刚接触互联网不会发邮件，我同学看到后就主动请缨帮他解决了这个在我们看来非常简单的问题。结果，就因为这么个小小的不起眼的技能带来的机会，主任便开始让他跟着老同事参与正规的工作了。而我实习的时候，字打得飞快，同事们要敲半天的稿子，我很快就可以完成，这竟然成了实习第一天就帮我跟同事们迅速拉近距离的技能。有一个刚加入新团队的同事，平时跟大家的工作交集很少，没觉得有什么存在感。

结果却因为团建的时候，他带了单反和无人机，帮大家拍了很多高质量的照片和视频，从而蹿红，跟大家都熟络了起来。俗话说"尺有所短，寸有所长"，其实我们每个人都有独特之处，只是有的人还没有发现。当你发现和清晰地认知到了自己的独特之处，你就会拥有更多的来自这个独特之处的机会和自信。如果你觉得自己真的没有什么独特之处，那么就赶紧去学一些技能，赋予自己独特之处吧，比如学好英语，学习拍摄，学会剪辑，甚至知道很多好吃的餐厅都可以令你显得稀缺。

而要做到略胜一筹，除了需要自己努力变得更优秀外，还可以主动进入相对弱的环境。我自己的几次职场的晋升差不多都是这样，就是可能误打误撞进入了一个对我个人而言，显得我的能力相对突出的团队和环境。类似的现象在职场中很常见，比如很多大公司的基层或者中层管理者会跳槽去小公司，这样就有机会做高层管理者。因为此时小公司的人才情况和业务情况与大公司相比常常处于落后的状态，那么跳槽过去的人的实力通常会比小公司中的大部分人略胜一筹。这时这个人就会显得更加有能力，从而可能获得更大的空间和机会。又比如当内容行业想朝着互联网和数字化发展的时候，那些已经在互联网公司工作过的人，进入内容行业就会呈现出实力普遍较强的情况。反过来也一样，当互联网行业需要向内容化发展的时候，原来做内容的人进入互联网行业后，就会有较大的优势。更容易理解的一个例子就是，在一线城市大公司工作的人，收入与同事们相比不一定非常高，但是当过年过节回到老家的时候，跟当地的收入和消费水平一比，可能立马成为相对更富裕的人。

不过，虽然略胜一筹可以让人获得自信，但是不得不说这个方法也是一把双刃剑。它的弊端就是有可能会在一定程度上放缓我们的成长，这个不是绝对的，但是会有这种可能性。比如说在行业排名头部的公司，我们虽然并不出类拔萃，但是接触和实践的都是这个行业最新最好的部分。而在小公司里，可能会花更多的时间去处理那些相对落后的业务和流程。这把双刃剑，没有对与错，我们只需要根据自己的目标和自己想要的人生在不同的阶段做不同的选择就好。毕竟我希望自己和大家获得的，仅仅是自信和快乐。

我今年还有个新的关于提升自信的小小收获，就是在我的颈椎出了问题之后，为了康复，我开始抬头挺胸走路，一改以前走路低着头，含胸驼背，不敢正视别人，经常目光闪躲的姿态。我发现，这样做了之后，我整个人都自信了起来。

我们每天改善一点点不足，学习一点点技能，自信就会靠近我们一点点。

如果你愿意，明天，也抬头挺胸地走路吧，咱们先把精气神儿提起来。

一起加油。

认知自己，找到目标，制订计划，付诸行动

注意！注意！前方篇幅高长预警！并极有可能引发你的立即行动。

所以，友情提示：最好找个舒服的地方，准备一支笔（因为书可以当纸），专门为这一部分，留出半天时间。

很多人来找我的时候都会提到，他不想待在这个团队了，他不想留在这家公司了，他不想再做这种工作了。但是，当我鼓励大家给自己一个新的开始时，几乎所有人的反应都是，自己并不知道应该去做什么，或者，能去做什么。

其实，我也一样，2019 年陷入抑郁情绪的时候，我甚至感觉到，我，再也不想上班了。虽然我非常幸运地知道自己很喜欢创作，但是，我具体要创作什么呢？怎么才能既从事创作又能保障正常的生活呢？到底……？究竟……？我似乎有个方向，但又全都是问号。像很多人一样，我不知道该往哪里走，也不知道走了之后会怎样。

但是，有一件事我知道，那就是，如果不找到一个方向走出去，我将会困在抑郁情绪里。不知道要被困多久，也许一个月，也许一年，也许，一转眼，又是一个十年。

在这些被困住的时间里，我要不断地寄希望于多巴胺的分泌、钝感力的增强、坏情绪的释放、好心情的练习来让自己少些不开心，时刻提防自己陷入抑郁情绪。我知道，那些问号，我可以逃避解答，

但是它们不会消失，只会在每一次我没了笑容的时候，又出现在我面前。

于是，我决定，这一次，我不再躲避，我要找到我心里的那盏终将带我离开黑暗的明亮的灯。

在"给自己找个'玩具'，转移注意力"中我提到过，我找到了一个可以最长时间转移注意力的方法，那就是找到目标，为之行动。这也是帮助我最终走出阴霾，以及对抗后来出现的所有不开心时刻的最有效的终极方法。找到目标，到底对我多有效呢？来看看我亲身经历的找到目标的好处吧。

找到目标后，我对未来就不再感到绝望了。我知道有个东西在等着我，我需要做的就是朝着它前进。

找到目标后，我会知道什么是应该在乎的。有人不认可我，没关系，我清楚自己要去哪里。

找到目标后，我的注意力全部被转移走了。脑子里已没有容量再拨给那些令我不开心的人和事，异常充实。

找到目标后，我的每一步都让我感到开心。整个人从身体到精神状态都越来越好，充满活力。

找到目标后，我不再迷茫和纠结该如何取舍。我知道我要选择那个对目标有助益的选项，不浪费光阴。

找到目标后，我能更坦然面对失败和挫折了。因为我已经拥有了找目标的能力，我随时可以再找到方向。

希望有一天，这些，你也能体会到。

那，我到底是怎么找到目标的呢？

我找目标的第一步，是认知自己。找目标之所以很难，就是因为我们普遍缺乏认知自己的方法，甚至，至今都还没有形成这个意识。我们习惯了该上学的时候上学，该上班的时候上班。老师考什么就学什么，主管说什么就干什么。除去这些"应该"，除去老师和主管的安排，我们自己是否知道自己是谁？老师和主管对待每个人都不一样，我们自己是否知道自己有什么不一样？

为了知道自己是谁，自己有什么不一样，我问了自己六个问题：

我喜欢什么？我排斥什么？

我擅长什么？我不擅长什么？

我有哪些高光时刻？我有哪些至暗时刻？

说起喜欢什么，我的爱好非常广泛：看电影、旅行、摄影、唱歌、开车、写作、播音……很多很多。如果说到排斥，我不太能接受密闭狭小的空间，我不太能接受破旧脏乱的环

一个经常出没在西湖边的爱举单反的姑娘

境，我不太能接受不善良和虚伪，我不太能接受脏话、吸烟、酗酒、

随地吐痰等等。对了，记得吗？我还不太能接受别人对我凶巴巴的。另外，我还喜欢新鲜有趣，我接受不了一成不变的重复性工作。而且我不喜欢受约束和限制，我喜欢有独立发挥和创造的空间。

有很多人跟我说，他不知道自己喜欢什么。我之前在大学里做分享的时候，遇到过同样的问题。很多学生说，他没有爱好，他啥也不喜欢，该怎么办呢？我当时的回答是，在财力和时间允许的情况下，多去接触和涉猎，例如弹吉他、画画、插花、拍摄、剪辑、烘焙……或者就出去旅行，去各种不同的地方。当尽可能广泛地尝试和玩过一圈之后，再问问自己，是不是什么都不喜欢？是这个世界上根本就没有自己喜欢的事物，还是自己见过和接触过的实在太少了？而且，喜欢和排斥的东西往往会因为我们的阅历的增加而发生变化。没有吃过榴梿的时候，我根本不想尝试，我认为那一定是个极其难吃的东西。后来有一次去广州出差，我被同事硬生生地塞了一口榴梿。前几分钟还在挣扎的我，那一刻居然打开了新世界的大门，发现这东西竟然如此美味。后来，尝试的东西多了，我才明白，在食物界，如果觉得什么东西不好吃，很有可能是没有在这个食物品质和状态最好的时候品尝它。我也不再轻易地说什么东西不好、不喜欢了，那很可能是因为我没有见过它最好的样子。

我擅长什么？我在想，什么事是我不用费很大的努力和逼迫自己，就可以完成或者高质量产出的，甚至可以受到很多人的喜爱，那么这件事就应该是我相对擅长的。相反，那些我需要付出很大努力，但是产出的质量并不高，或者根本完成不了，甚至收到了很多负面评价的事，应该就是我不擅长的。我想了想，我应该比较擅长写和说。因为在这两件事上，我基本上不需要憋半天，不用准备很久，只要我想做，就几乎可以随时随地行云流水般地输出很多内容，而且还有很多人看过和听过这些内容之后觉得很不

大学时在电台的播音间里录节目

错。相反，我应该不太擅长数据分析、熟记规则、金融、军事、技术等方面的事情。因为我不但完全不想接触它们，还常常需要逼迫自己才能去学习

和实践。而且，就算去学了，也很难学会和精通，应用效果也非常不理想。

我的高光时刻有过哪些？哪些又是我的至暗时刻呢？我把那些我被很多人认可甚至赞美的时刻，那些我觉得自己在发光的时刻叫作我的高光时刻，用来判断我做什么事情的时候可以获得高度的社会认可和最大限度的社会价值。我回想了一下自己的高光时刻，至少有三个时期。对了，小学和初中考班里第一的那些年，一度被老师和同学捧在手心的那些日子，我就不算了。毕竟，我

后面人生的方向，大概率不会再跟小时候在学习上取得高分有什么重大关系。

第一个时期是我大学时在学校电台做节目的三年。有很多人觉得我的节目做得不错，我在学校小有名气。我记得那时候经常听说有人想认识我，有人想找我出来玩，有人想跟我吃个饭。有一次，我做了个连线采访，采访在外地实习的师兄师姐。节目播出后，被一位在新华社工作的师兄评价说，这才是真正的采访，真正有温度的节目。而令我终生难忘的是我大四的时候去北京实习，遇到过一个不认识的师妹。我刚开口说话，她就问我以前是不是学校电台节目的主持人，当时，我的眼泪瞬间就掉了下来。

第二个时期是我在中央人民广播电台实习的那一年。那一年，老师们都很喜欢我，对我赞赏有加。那段时间，整体上都是我的高光时期，其中有两段经历最为闪耀。一段经历是，我们组的工作中有个小任务是要写全台最重要的节目《新闻和报纸摘要》的《今日天气》版块，这个版块除了要写天气的情况和分析，还需要融入一些俏皮和温情的话语。自从任务交给我之后，我们组的主任老师每次审稿的时候都会说："太棒了，怎么可以写得这么好，以后这个部分都交给你写了，而且稿子可以免审。"我非常开心，虽然他并没有真的免审，哈哈。但是，其实他不知道，我写这些的时候并没有精心雕琢，就是按照自己的创意和文风一气呵成。另一段经历是，在我实习要结束的时候，被一个新闻直播节目的主持人老师叫去，跟他一起做了一期关于大学生毕业话题的对谈节目。因为事出突然，进直播间之前我没有做任何准备。结果当我们的直播结束后，主持人老师跟我说："简直说得太好了，怎么说得这么好，真不错。"收到这样的评价我简直太意外了，毕竟那是个直播的节目，而我又是毫无准备地完全即兴发挥。

第三个时期是我在"改善不足，拥有特色，变得更加自信"中提到过的，2017年年底，我以一项十，出色完成工作，并为整个项目目标的完成提供了最重要助力的那段日子。我为项目立了战功，受到了主管和协同团队的集体认可和喜爱，还因此获得嘉奖和得到晋升，美名传播，备受瞩目。

哎呀，回忆了这些过往，真的是很开心呢，感觉自己棒棒的。但，毕竟人生不如意事十之八九，不开心的时刻也是数不胜数。我把我所有印象比较深的、痛苦感觉比较强烈的、对我打击比较大的、影响比较深远的事件排了个序，姑且把前三名，定义为我的至暗时刻吧。同理，上高中时得甲亢，家里极度贫穷，甚至父亲家暴的那段日子，我也先不算了。毕竟，这些大概率也不会再发生了。

第一名肯定是2019年陷入抑郁情绪的那段时间，哈哈。嗯？我此刻为什么这么开心？可能是因为它不但已经成了过去，而且我还要感谢它能让我与你相遇吧。

第二名和第三名前面也提到过，第二名是多年前在北京的一个创业公司被非常赏识我的主管以公司资金短缺为由辞退的时期。本来，自己竟然会被辞退就已经很无法接受了，而且还是被一直非常赞扬和欣赏我的主管当面跟我沟通的，我就更难以接受了。

我在家沉沦了一个月后，因为房租的压力和朋友们的逼迫重新出去找工作。没想到，真正的打击才刚刚开始，那个时期，我进行的每一次面试竟然都非常不顺利。我当时已经工作了五年，在被辞退的公司也已经做到了经理职位。但是，有的面试官告诉我只能给我初级员工的职位，有的面试官告诉我不能成为正式员工，有的面试官面试时聊得很好，但是最终却拒绝了我。一次次的打击让我产生了严重的自我怀疑，我原本的自信荡然无存，不明白为什么自己突然之间连一份工作都找不到。之所以这个时期被我列为至暗时刻的第二名，是因为，我清楚地记得，在某一次再次失败的面试之后，我从那家公司出来，站在北京东三环的一个十字路口，有一秒钟，我有了冲入车流的念头。然后，我的眼泪就掉了下来，因为我告诉自己，不行，如果我这么做了，妈妈会疯掉的。

第三名是那段在北京时跟男朋友分手，又一个人独自做着小生意，所以只能对着家里的小电器们说话的日子。除了只能对着小电器掉眼泪和倾诉之外，那段时间我过着有一个订单就有钱吃口饭、没生意就没饭吃的生活。租住的房子的走廊里又经常会出现一个目光恶狠狠的中年男人，他总是盯着我，我每天都很恐惧。即使后来终于找了份工作，但是我清晰地记得，我仍然有差不多半年的时光，每天上下班的路上都会很恍惚和呆滞，都会因为在路上触景生情，走不出失恋的伤痛而默默流泪。

今年又发生了一件事，虽然跟 2019 年我认知自己时没有多大关系，但是如果加入排名，可以算是并列第三的我人生的至暗时刻了。那就是 2021 年的 5 月，我生病了，而且多病交织，算是人生到目前为止最严重的一次病痛。身体的痛苦、因无知引发的恐惧和无助的难过让我的情绪又持续低落了一段时间。不过，治疗和恢复了几个月后，大部分问题都好转了，我又成功地回到了正常的生活当中。但是，这一次患病的经历促使我做了辞职和一定要写出这些文字的重大决定。因为它不仅让我重新认识到疾病对人的情绪的影响，更让我切身地感受到了世事无常，要行动，而不是来日方长。

回答完这六个问题，到目前为止，什么是我既喜欢又擅长，且拥有高光时刻的事情，已经浮出水面了，就是以写和说为表达方式的内容创作。

接下来就要进入我找目标的第二步——衡量收益。大部分人判断别人想要做的事情靠不靠谱，主要就是看这件事情的收益如何。我以前每次说我想进行内容创作、我想换工作、我想辞职的时候，朋友们劝我和拦着我的理由便是这只是情怀，这赚不到钱。虽然我不开心，但是我知道，这话不无道理。做我想做的事情很重要，但是我也要保障我和爸妈的正常生活，毕竟我不是一个财务自由、衣食无忧的人。那就来算一算吧，我这既喜欢又擅长，且拥有高光时刻的事情，可以带来多少收益？

其实，能够拥有高光时刻的事情，就已经是被社会认可有社会价值的事情了，是一定可以带来收益的。我并不担心"以写和说为表达方式的内容创作"无法创造收益，但是由于用户规模、作品质量、变现方式、市场时机、运作模式等各种因素的影响，它的收益可能有高有低，很难具体地估量。所以我换了个思路，我决定算算，我的余生需要多少钱。我看看能不能弄明白，我想做的事带来的收益是否有达到这个数字的可能，或者以这个数字去反推我应该做什么事。

每个人对物质条件的需求是不同的，现在的我，对奢侈品、漂亮的衣服、大吃大喝都没有什么强烈的欲望，愿望中最费钱的可能就是旅行了。而目前每月固定的开销中，最大头的是要还房贷和车贷，以我的工作收入是可以负担得起且生活舒适的。但是，我已经再也不想上班了，也就是说，这件"以写和说为表达方式的内容创作"如果能与我辞职前的收入水平相当，我就没有后顾之忧，完全可以放手去干了。于是，我算了一下我过去一年的工作收入，凑了个整，写出了第一个数字，这就是我期望的年收益。

对于"以写和说为表达方式的内容创作"这件事来说，这个数字，说高不高，说低不低。其他行业可能还好一些，内容创作行业有很大的不确定性。如果受到大家的欢迎，火爆了，几百上千万也是有可能的；但是如果无人问津或者差评如潮，不但颗粒无收，反倒赔钱也说不定，弄不好还可能一辈子穷困潦倒。于是，我决定再算一个数字：我最少需要多少钱？我的底线是什么？

我在老家已经给父母买了房子，他们的退休金可以满足正常的衣食生活，我曾经给过他们的钱也已经足够他们养老了。他们如遇大病对我造成的心理压力，我也已经与自己和解了，所以，即使我的人生不再有收入了，保障爸妈正常生活这个基本底线也是可以守住的。我老家有十几万就能买到的我觉得可以接受的小房子，每个月的生活费有五千就足够了，就算加上应急需要和买大件，每个月一万元也够了。这样的话，每年大概需要十万元。而按照目前的国人寿命，我大概还能活三十或四十年。也就是说，我只要至少拥有三百万或者四百万元，我余生基本生活的底线就守住了。于是，第二个数字，四百万，写出来了，这就是我余生的总收益底线。

而这个数字写出来的时候，我隐隐地感觉到了什么，于是我算了一下我目前的所有财产。我自己的房子如果变卖再减去贷款，应该可以拿回三百万，而我的股票加上存款，基本上可以再凑一百万。也就是说，我即使立刻辞职，也是可以守住我余生的底线的。那一刻，我突然就感到无比放松。

我也曾犹豫过，要不要把这些数字明明白白地写出来，因为这毕竟是我的隐私，以及我把它们写出来后，可能会受到质疑，还有可能让人对这整本书产生误解。但是，我想，我的初心，就是希望让你看到我是如何走出抑郁情绪的，希望能给你一些启发。那我必须要没有一句谎言地，把真实的我是怎么想和怎么做的毫无保留地告诉你。

我不想解释所有可能出现的误解，但是有一个视角我想说一下。如果你觉得你跟我的财产和收入状况不符，没关系，没有两个人的情况会是一模一样的，但是这个计算方法我觉得是可以通用的。比如你可能要算上养育子女的费用，要给他们出国留学留出一笔钱；你可能正在经历着身体的病痛，可能要算上自己或家人的治疗和康复费用；你的收入可能不高；你可能……你可能还有很多不同的情况。但是这都不妨碍你可以计算一下自己需要多少钱、自己的底线要求是多少。

好，言归正传，我算完这两个数字之后，要不要做"以写和说为表达方式的内容创作"？要不要以此为目标？答案已经出来了。那就是，要！

首先，如果我觉得不用辞职也可以走出阴霾，那么我是肯定可以利用业余时间先把"以写和说为表达方式的内容创作"这件事搞起来的。所以，要。其次，如果我觉得我只有辞职才能好起来，只要我愿意承受自己可能从此以后要以底线状态生活，那我就随

多年前开过一家蛋糕店，
这是当时我设计的巧克力蛋糕

时都可以辞职。而且，底线之所以是底线，就是因为，但凡我愿意付出一点劳动，就可以不用以底线状态生活。我哪怕去开一次网约车、去做个小买卖、去拍些短视频……都是可以在底线之上再获得一些收益的。所以，要。再次，如果我觉得我只有辞职才能好起来，但是又不想一辈子只以底线状态生活，我也可以努力研究一下如何通过创作赚到更好的生活。或者就干脆当一场豪赌，给自己一个期限，一年以后，如若不成，我大不了再重新找个工作。所以，要！就这样，以写和说为表达方式进行内容创作，以此达到年收益与我原本工作收入持平，成为我当时找到的目标。

不过，如果当时算出来的是，这个目标连我的余生底线都守不住，那我将如何选择？人生没有如果，所以我不会对自己做这样的假设。但是，如果你遇到了这个情况，没关系，那就从你既喜欢又擅长，且拥有高光时刻的事情中，再去挑出一个退而求其次的选项，不断地用"喜欢""擅长""高光时刻"和"钱"这四个要素去做组合微调。

即使暂时还是找不到自己的目标，无法得出一个相对想要的结果，那也没关系，如果目标很容易就能找到，那也就不会有这么多人对人生感到迷茫和焦虑了。而且，目标是会随着我们的成长发生变化的，因为这六个问题和那两个数字的答案都会不断变化。人生是一个"找到目标—付诸行动—修正目标—付诸行动—修正目标"的滚动向前的过程。

还要注意的是，对于衡量目标收益这件事，有时候我们可能并不是很了解具体的情况，甚至也不擅长测算。那可以找行业内的人聊聊，可以多找些资料看看，多进行研究，不一定非要马上下判断。

另外，认知自己有非常复杂、丰富的方法和知识，不仅仅是这六个问题这么简单。我用这六个问题是因为我试图在帮自己摆脱抑郁情绪，而这六个问题可以较快速和集中地帮我找到想做的事，以此来找到一条出路。

但，不管怎样，我终于找到了一个目标，然后，我开始为实现它制订计划。

来来来，目标先写下来——以写和说为表达方式进行内容创作，以此达到年收益与我原本工作收入持平。

"以写和说为表达方式进行内容创作"有很多可以做的，比如写公众号文章、编剧、写段子、写书、讲课、主持、脱口秀、配音、主播……据我了解，讲课是可以有相对可观、稳定以及性价比较高的收益的。还记得吗？我在"刻意练习，让快乐成为肌肉记忆"中提到过，我是如何辅导团队实习生进行答辩的。我以前就常把一些工作方法分享给同事，还去大学给学生们做过分享，所以，我准备先以讲课为主要方向制订计划。于是，我在表格里列下了从 2020 年 1 月 1 日到 12 月 31 日，这一整年我需要写出多少节课的课件，完成多少次讲授，每个月的进度如何安排，甚至大概计划了有可能拿到的收益。然后，就以此计划动笔写了起来。正在动力十足，信心满满的时候，变化就到来了，所以，主要想以线下形式讲课的计划全部泡汤。但是，写下的内容没有白费，我产出和留下了一套完整的与简历技巧有关的课件，以及几次小主题分享的内容。

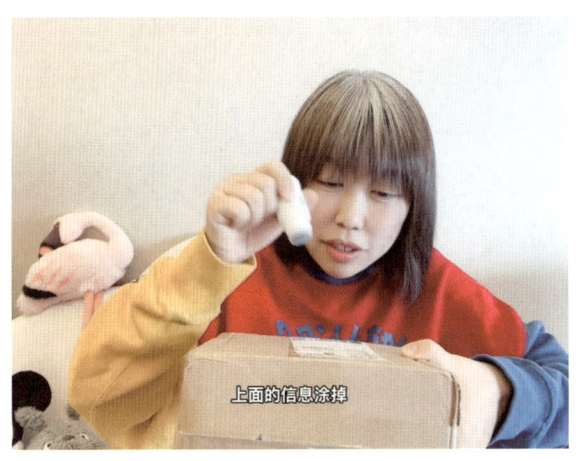

录制开箱视频，
这个快递信息涂改液因此被很多人"种草"

讲课暂时不方便进行了，我就对计划做了一些调整，尝试拍摄和剪辑景点分享、好物分享、旅行记录等短视频发布到网上。通过亲身实践了解了自己拍摄和剪辑的能力，创作过程中可能遇到的困难和所需要的准备，并收到了很多反馈。

2020年年底，找我沟通的人越来越多。于是，我再次对计划做了调整，我想，不如我就把我是如何将自己从抑郁情绪中解救出来的，分享给更多的人，让更多的人能够获得一些启发。可能是老天爷看到了我的赤诚和努力，也想帮我一把，我的一个朋友突然给我推荐了一个播客节目。我一听，这不就是我最擅长的电台模式吗？还等什么呢？开始吧，王美好！于是，我在表格里列下了从 2021 年 1 月 1 日开始，我要做的播客内容和进度安排，并依计划开始创作。在这个过程中，因为得到了听众朋友们热烈的反馈，我又加入了写书的计划，希望能让不听播客的人也知道这些故事。最终，如我所愿，在此刻，遇见了你。

而能让我如我所愿遇见你的，除了制订计划，更重要的是，我切切实实地为我的目标付出了行动。

我告诉自己，想好了，就赶紧做。打开电脑，举起相机，架好话筒……有行动就有产出。

我告诉自己，少要面子，多分享。发网上，转朋友，多宣传……有展示才有反馈。

我告诉自己，信自己，静待花开。解问题，勤修正，不迷失……有坚持就能等到胜利。

我要么在日历上设置倒计时，每天减一天；要么在表格里画红框，每天标进度。不焦躁，也不拖延。

提前或者超额完成任务，我会给自己小奖励：吃冰淇淋，看电影，出去玩……

拖延或者没完成任务，我会给自己小惩罚：这周不许吃冰淇淋，不许看电影，不许出去玩……

发生了不开心的事？大脑对我说，不好意思，没空理会，赶紧敲键盘。

手机上又推送了新闻？大脑对我说，不好意思，没空理会，赶紧敲键盘。

买了个小黑板，
给自己加油打气

呀，深夜了，今天的朋友圈和短视频还没看！大脑对我说，不好意思，没空理会，赶紧睡觉，明天还要敲键盘。

记得有一天，睡觉之前我才发现，竟然已经忘记了那一刻是哪月哪年。

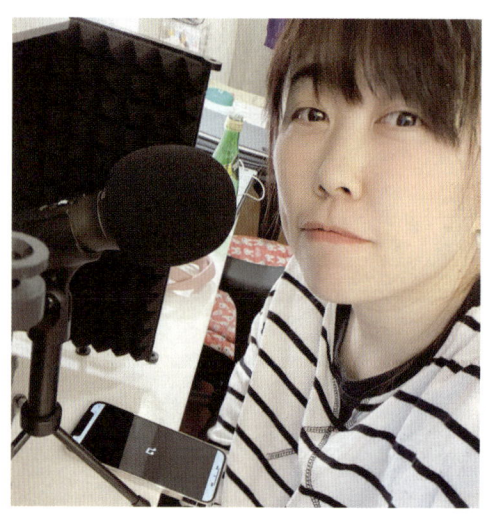

置办了些简易的设备，
开始在家里录播客

当倒计时结束，这些文字已经完成，它不负期待，成为 2022 年到来之前，我给自己的最难忘的礼物。

愿你也能早日找到自己的目标，并为之努力。你早一天开始，美好的一切就会早一天向你走来。

听，五月天在唱（作词：阿信）："生命不是过程，而是美丽旅程。风景有亮和暗，也有爱和恨……生命还没有黄昏，下一站，你的第二人生……下一站的名字，等你去确认。"

只有行动，才能带来改变！

此刻，开始吧！

加油！

屏蔽或远离让你感到不适的那些

　　找到了目标，我就知道了该如何取舍。那些令我伤心难过又对我的目标没有助益的，我想，就没有必要再留恋了。2020 年 1 月 1 日，我再次离开北京，回到了杭州。这个决定和行动，成为我走出抑郁情绪的重要转折，帮我极大地缩短了自我解救的过程，功不可没。

给小窝置办家当

之所以是"再次离开北京，回到杭州"，是因为整体的时间线是大四在北京实习—毕业在北京工作—后到杭州工作—2017 年年底回北京工作—2020 年 1 月 1 日再次回杭州工作。

离开后，我没有再被噩梦惊醒，终于可以安安稳稳好好地睡觉；我需要置办家当，投入新的工作，进行我的计划……有很多新的有趣的事情要去做。我不会再因为看见某些人或听到他们说的某些话就迅速陷入低落、悲伤甚至愤怒的情绪中；我再也不用听别人的规劝，也不用找地方躲起来；我的头疼、胸闷、没食欲的状况都消失了。这个离开的举动，帮我断联了不想见到和不想联系的人，帮我远离了容易感到不适的环境，帮我屏蔽和隔离了整个那段布满阴霾的过往。

后来再有人来找我，跟我说他不开心，不想去公司，不想如何如何的时候，我常常会先问他："你现在的状态是怎样的？是身体已经开始不舒服，头疼、心悸、感觉随时可能爆炸，还是只是觉得有些不高兴，想倾诉一下而已？"如果对方给我的是第一种描述，我会毫不犹豫地跟他说："那就换份工作或者换个城市，先离开现在的环境和人吧。"当不开心发展到一定程度，尤其是出现了非常明确的身体的不适，再不解决恐怕会引发更严重问题的时候，离开会引发不开心的一切，往往是最快速的缓解方法。

其实我自己有过很多类似的做法和经历，比如扔掉某个东西，删除联系人，分手，换工作，包括类似这次的换城市，等等。

先说说扔掉某个东西：一种情况是因为会睹物思人，所以要想办法减少因为这个东西给我带来的关于这个人的提醒；另外一种情况是因为某些东西会跟某些不好的体验有关联，为了减少这种不好的暗示而扔掉它。比如我曾经有一件衣服，第一次穿的时候全身突然过敏，第二次穿的时候我的车遭遇了剐蹭，第三次穿的时候，我身体突然不适差点休克晕倒。虽然我相信这三件事都不是这件衣服引起的，但我还是把它扔掉了，因为它会给我一种只要我穿上它，就一定会有不太好的事情发生的心理暗示。

再说说删除联系人：我以前是一个非常重视友情的人，而且非常在意我在朋友心中的位置。现在的我，一方面非常明白人生中的很多人最终都会成为过客，能一直跟我长久地做朋友的其实寥寥无几；另一方面，我体会到其实没有谁一定不能离开谁，大家在一起开心快乐，想拥有这份友情，那就一起，不能的话，也没必要强求。还记得吗？我在"不必深陷当下，所有发生都有意义"中提到过，我删除了一个在我生命中兜兜转转多年的朋友。直到现在，我们再也没有联络过，我也很少想起这个人。这几年，有过一些类似的事情，一些友情因为各种原因经常会让我陷入伤心且无法抽离的时候，我就会用删除联系人这个办法。因为只要做了这个简单的动作，我就再也不需要看到那些会惹我不开心的话了。而最终我也发现，绝大部分关系，在对方从我的世界消失之后，岁月会慢慢帮我把它们抹得模糊不清，终有一天，大家都会开始各自的新生活。其实，我现在也会鼓励自己尝试用主动沟通的方法解决问题，但是并不是每一次都奏效。删除联系人确实不是解决问题最好的方法，但是，总之，先让自己好起来。

　　关于分手，还是要说说那个能在"至暗时刻"排名第三的往事：就是只能对着家里的小电器们说话的那次分手。因为当时两个人还是很喜欢彼此，所以一直分分合合分不掉，但是每次复合后，之前令我痛苦的那些情节又一定会重新上演：猜疑、嘲讽、污蔑，甚至最后有过一瞬间小小的推搡。而最终决定彻底分手，是因为我自己安安静静地思考了一下，问了自己两个问题：跟他在一起到底是快乐更多还是痛苦更多？接下来是愿意因为他带来的那些快乐而承受同时带来的痛苦，还是因为不想承受这份痛苦而宁可舍弃那些快乐？这么对比着问了一下自己，没想到答案马上就从脑海中跃出。于是，不管当时有多么难过和不舍，我还是非常明确地做出了选择。如你知道的，后来，我找了份新的工作，然后搬离了我们在一起的住处。有了新的朋友和新的环境，多了快乐，少了痛苦，一切又好了起来。

　　说到换工作，估计我写出这句话就再也找不到工作了，因为，我是个换工作大户，应该没有公司会喜欢这么不稳定的我，哈哈。虽然没有现在的年轻人个把月就换工作这么勤，但是我也好不到哪里去，差不多一年左右就待不住了，就算不能换公司也会换部门。是因为工作让我不开心吗？对，工作确实让我不开心，同时也因为没有新东西可以让我接触了。在找目标的时候我曾经提过，我喜欢新鲜有趣，我接受不了一成不变的重复性工作；我不喜欢受约束和限制，我喜欢有独立发挥和创造的空间。对了，我还接受不了别人对我凶巴巴的。嗯，工作上让我感到不开心的事情太多了，哈哈。而且，可能是这个社会变化太迅速了，我现在回头看，我在换工作这件事情上得到的要远远大于失去的。我得到了很多不同的能力和经验，我认识了很多人，甚至我的收入的提升也是由此实现的，最重要的是，换工作让我每次都可以从上一份工作

再次离开北京之前，去了一直没有去过的长城

或者上一个部门的不适中迅速解脱出来。当然，对于不同的人，换工作的成本是不一样的，换工作也确实是一件相对重要的事，需要多加考虑。但是，在我看来，如果一份工作让你每天很丧、状态极差，并且无法通过自己的努力调节和转变状态了，那么，我是很支持你赶紧离开它的。因为但凡离开它，就还有一半的机会可以找到更合适的工作，从而让心情和状态好起来。我并不是不鼓励大家积极解决工作中的问题，我只是想说，如果真的状态非常不好，换工作永远可以是一个选择。

对于换一座城市生活，前面的时间线还不能说明一切，因为，离开家两千公里去上大学，其实就已经是我的第一次远离不适之旅。去遥远的他乡上学帮我成功远离了家乡、父母和高中时期那段痛苦的日子。我再次离开北京的时候，也是觉得自己的状态已经很难用其他方法迅速改变了，我需要远离那些带着不开心记忆的一砖一瓦、一草一木和生活在那个城市跟我的不开心有关的所有人，让自己远离刺激，迎接新鲜，从而让自己好起来。而且，我当时想，如果以后还想回去，那就再回去好了，又有什么不可以的呢？对我来说，换城市确实不是很难，甚至因此带来了人生新的体验和幸福感的提升。但是对于有些人来说，换城市可能无法想象，甚至觉得没有办法在一个陌生的城市生活。因为家庭和工作等诸多原因，也有很多人身不由己，即使有这个想法也不能轻而易举地这么做。但是，不管怎样，其实只要你下决心想让自己好起来，路，有很多条。而且，任何事情都没有你好起来重要。

如果你已经无法主动治愈自己了，那就用这些屏蔽和远离的方式让自己的状态先好起来，然后再以好的状态去寻找和面对新的自己和新的人生吧。我们也不必时时回望那些已经被屏蔽和远离的人和事，去开始新的一切，不咎既往，不问去向，一切过往，皆为序章，我们都值得更快乐的未来。

换昵称换账号换号码开启新身份

今年年初我做了一件事，然后在跟好朋友聊到这件事的时候，我发现这件事竟然又在冥冥中治愈了我自己。

1月份，我买了部新的手机，办了一个新的电话号码。然后用新的电话号码注册了新的各种网络账户，包括注册了新的微信，也起了一个新的昵称。当时这样做的原因有两个：一个是因为原来的昵称我用了很多很多年，这个昵称不但在公司直接代表我，同时在很多年前我也曾用它做过电台节目，同事、同学和朋友几乎都知道这个名称就是我；另一个原因是，原来的手机号码也用了很多很多年，通讯录和微信里集中了大量的熟人、亲戚、朋友、同学、同事，还有过往的合作伙伴和客户，我在网上发布的内容一定会被平台推送给他们。我并不想过多地打扰他们，也很想跟原来的生活做个区隔甚至告别，开启新的生活。

我在我的新手机上登录了新的微信，然后用新的微信把自己原来的微信加了好友，并且分别用两部手机的"新我"和"旧我"互相打了个招呼。当我做了这么一个傻傻的操作之后，我竟然感觉到，我是真的有了一个新的自己。这个新的我自己是另外的一个人，这个人的昵称、手机里的软件、通讯录里的联系人和所做的事情，跟原来的那个人完全不一样。有了这个突然成为另外一个人的感觉后，我索性把除了我原来那部手机之外的所有设备，包括平板电脑、笔记本电脑等都用新的账号来登录，甚至全部换了一套新的密码。

那一刻，我，重生了。

我跟我的好朋友描述了这种重生的感受，我说这个操作让我有了新的身份，借此开启了新的人生。之前的人生都是原来的那个人的，之后的人生是新的这个人的。我需要做以前的那个人的时候，我就用以前那部手机，回到以前那个人需要去的环境，联系她微信和通讯录里的人。其他的时间，我就做新的这个人，我用新的设备写作、录制和发布播客，拍摄和剪辑视频，这些都是我的新的人生。

然后我又说了另一段话，这段话让我更加笃定了这个重生的感觉。我告诉我的好朋友，以前我觉得上班是我的主业，做内容是我的副业。我只不过是白天做主业，夜晚做副业。我现在的感觉是反过来了，反而是晚上回到家做内容是我的主业，天亮了去上班是为了生活而打工赚钱的副业。这也更让我感觉原来的那个人跟新的这个人是两个人，只是共享了一个肉体而已。原来的那个人的身份是某公司员工，做互联网工作，白天上班，现在的这个人是个内容创作者，晚上上班。甚至两个人给外界展示的性格特征也不一样，原来的那个人因为经常被送到"战场"，又因为"武功"还可以，一直被认为是一个穆桂英或花木兰一样的人物，是个刀马旦。但是新的这个人更像我的本我，更像一个青衣，更温暖更平和更安静一些，喜欢文字、音乐、电影，喜欢一切美好的东西。

于是，买了新手机，办了新号码，注册了新账号，起了新昵称这一系列操作，真的给了我一个仪式感，让我拥有了新的身份，开启了新的人生，并且让曾经的那些美好与不美好的一切，都成功地翻篇儿了。我觉得，那些都是原来的那个人的人生，都属于过去。现在和未来的人生，是新的，是也许会被创造得更开心、更美好的人生。

我很开心，我有了一个新的自己。

人生第一次摆了个小书摊儿，摊位名字取为"美好集"

去亲近阳光和那些阳光的人

　　记得曾听一位在国外的朋友说，他和家人生活在西雅图，那里常年阴雨连绵，心情会受到很大的影响。我也特别喜欢阳光，只要天气晴好，心情就非常舒畅，如果长期阴雨天气，就很不自在。

　　有一次，工作上遇到些事情，我的情绪有点低落。周末的时候，正好是晴天，我就开车出去游荡。一路上阳光明媚，树影婆娑，

在山上开心地晒屁股

我心情大好。最惊喜的是，开到江边的时候，路过樱花大道，粉色的花瓣随风飘洒，我开着车从缤纷的落英中穿过，那一刻，我跟自己说：有什么可低落和惆怅的，人间值得！

　　还有一次，我开车上了一座山，拍完美景，我站在山顶编辑照片发朋友圈。当时太阳很大，我感到屁股上热热的，哈哈，不是尿裤子啦，是我第一次体验到原来阳光照在屁股上这么舒服。于是，我发完朋友圈后并没有走动，而是继续站在那，站了好久，贪婪地享受着太阳晒着屁股的感觉，哈哈。

　　我不仅喜欢在天气晴好的时候，到户外或者大自然中去亲近

阳光，感受温暖和明媚带来的快乐，我还喜欢朝南和带有很多大落地窗的房间，因为这样不仅视野开阔，还可以让更多的阳光洒进来。不知道是不是因为出生和成长在拥有皑皑白雪的北方，我从小就非常喜欢明亮的环境。因此，我的家里通常会选择白色或者米色为主的墙面和家具，甚至会尽量使用白光灯，而不是黄色的暖光灯，让家里整体上都是明亮的。如果觉得白色太素了，彩色或者暖色系的装修风格，比如橙色和黄色，可以带来活泼和热烈；蓝色可以带来平和、舒缓、稳定、沉静；浅绿色会充满生机，也都是不错的选择。

另外，我还会用彩色的着装来充当我的随身"气氛组"。今年我就买了很多彩色的衣服，比如冰淇淋蓝、马卡龙粉、荧光绿、紫色、粉色等等，光我的卫衣和秋天的外套都可以组成一道彩虹了。所以，如果你愿意，不妨更新一下衣橱吧，多穿点亮色或者彩色的衣服，或者先换换鞋和背包也可以，实在不行，就先换个手机壳。

除了营造这些外在气氛，通过光和色彩对我的情绪产生调节作用，我还会多亲近那些阳光的人。

我会多亲近脸上常挂着笑容的人。我的同事中就有一位女生，每天都嘻嘻哈哈的，遇到事情也很少愁眉苦脸，好像永远都没有什么烦心事，大家都很喜欢她。受她的影响，我有时也会让自己变得心大一些，当我觉得一切都不是什么大不了的事的时候，自然也就少了很多烦恼。

我会多亲近善良、温和、有礼、不说脏话，能心平气和地处理问题的人。我记得在日本旅行的时候，有一次我走在一条很窄的小巷里，迎面有个女生骑着自行车过来，我就停下脚步并靠墙侧了一下身好让她顺利通过，然后她对我点头并表示了感谢。我很喜欢人与人之间这样温暖的小举动。

相反地，我会远离那些戾气重、只看到负面和缺点、满嘴脏话、容易暴躁，以大声吵架和谩骂来解决问题的人。以前有个朋友，平时就爱说一些带脏字的口头禅。有一次，有一位顾客对他店里的产品给予了不太好的评价，他就在微信上跟我抱怨那位顾客，不但抱怨了很久，还用了非常多难听的词语。后来，我就把他从我的联系人里删除了。不管他和那位顾客孰是孰非，我都没有兴趣看到那些词语那些话。曾经还有一个朋友，我们的关系本来很不错，但是每次跟他吃饭，只要菜上得慢一些，他一定会与服务员大声理论甚至争吵。几次三番后，我就再也不肯跟他一起吃饭了。虽然我支持人们维护自己的权益，但是如果每次吃饭都要在店里大吵一架，至少我是非常不愿意的。我在工作中也常常遇到这样的同事，好像非要表现得很强势才是有能力，时不时地就炸了。在我看来，但凡真的有智慧、有解法、有能力掌控局面的人，从来都不需要用这种方式解决问题、处理工作、与人相处。在我心中，真正的高手，绝不是力拔山兮气盖世，而是只用四两就可以拨动千斤。

我会多亲近那些乐观、相信问题会解决、行动力很强的人。这样的人，当他遇到问题或者需要推动他做事情的时候，他常常会表示可以尝试一下，并积极去研究和寻求解决办法，甚至会发散出更多的思路，而不是认为各种提议都行不通，很多行动都不应该做，没有办法可以解决问题，甚至还反过来打压、讽刺和阻止别人的思考和尝试。

我会多亲近那些有他的热爱，看到这个人仿佛就看到一团光芒的人。自从我找到了自己的目标，我跟别人聊天的时候可能只有五分之一的时间在抱怨，其他五分之四的谈话都在聊我的热爱是什么，我为什么热爱，我有什么计划，我为此做了什么，我的进展怎么样了。而且，有好几次，看着我说话的人都会突然说一句："哇，你此刻好美！"我心里先是出现了一秒钟的意外，然后，我就明白了，他们是看到了我身上的光。

我会多亲近那些能给我启发和输入并能激发我的人。我之前提到过，大部分朋友也只是能做到倾听我们，虽然这已经很难得了。如果我们能遇到不但愿意倾听，还能给我们启发和输入，甚至能够根据我们的特点激发我们，让我们变得更好的人，那真的是非常幸运。如果有幸遇到了，一定要抓住他，不要放过他，跟他一起玩耍，并且，感谢他。

从现在开始，去有意识地创造阳光的环境和寻找阳光的人吧。

我们的世界是充满阳光的，我们周围的人是充满阳光的，我们，也一定会是阳光的。

创造美好人生体验

还记得那段被我列为人生至暗时刻并列第三的日子吗？也就是今年 5 月，我人生到目前为止比较严重的一次多病交织的日子。那段时间，整日受到病痛的折磨，于是，我就常常会想，我人生的意义是什么？我每天消耗着粮食、水和各种资源，那么我为这个世界产出的又是什么？如果答案都是否定的，岂不是没有我，世界反而可以少一份资源被消耗，少一份垃圾被制造？而且，除了我，那些跟我一样吃东吃西，甚至好像更没有创造价值的动物们存在的意义又是什么？山川、河流、水和空气存在的意义又是什么？如果都没有意义的话，那整个世界存在的意义又是什么呢？

其实，哲人早就提到过，人生本无意义，而寻找人生意义的过程是有意义的。我们想赋予人生什么意义，我们的人生也就拥有了什么意义。

而且，我还在网上看到过一句话：创造美好人生体验。不记得是谁说的了，但是，我很喜欢。

那段日子，我终于想通了，与其去思考人生的意义是什么，我不如去追求我的人生能够拥有美好的体验。既然如此，余下的人生，不如尽可能多地去体验我想体验的一切，尽量开心美好，直到我不再拥有人生的那一天。

于是，我开始了两项行动。

一项是列出所有我曾经的愿望甚至梦想，并准备逐一去实现它们，能实现多少就实现多少。比如瘦下来重新穿一次旗袍，写一本书，办一场摄影展，出品一些文创产品，跳一个舞蹈作品，开一个小型演唱会，拍一部片子，拥有一栋海边的小房子，开一家书店，自驾环球旅行，等等。不管我的这些愿望和梦想曾经被多少人认为是异想天开、白日做梦，也不管这些愿望和梦想是不是最终由于各种原因实现不了几个，都不重要。对我来说，更重要的是，去实现它们的过程；更重要的是，在这些过程中的体验。

另一项行动是选择能让我快乐的事情，做能让我快乐的选择，过尽可能快乐时刻更多的生活。比如作为一个大龄单身女青年，当父母催我结婚，还想让我随便找个人嫁了，赶紧完成"人生大事"的时候，我就会问自己：我是单身快乐？还是随便找一个人嫁了快乐？然后我就选择了不管别人怎么说，怎么想，只要我还没有遇到那个能让我更快乐的人，那我就还是选择一个人生活。比如作为一个热爱创作和表达的人，当人们劝我要好好上班，不要辞职，别胡思乱想的时候，我就会问自己：我是继续从事互联网的工作快乐？还是进行创作和带给人美好快乐？然后我就选择了不管别人怎么劝我，我还是坚持投入到传播美好的创作中去。比如作为一个孝顺的人，当爸爸不肯戒烟，妈妈深夜还在玩手机的时候，我就会问自己：作为已年过六旬的老人，爸爸是抽烟比较快乐还是戒烟比较快乐？妈妈是深夜玩手机比较快乐还是保护眼睛比较快乐？然后我就选择了不再劝他们，而是给爸爸买各种他没有抽过的烟，给妈妈换了更漂亮、屏幕更大、内存更大的手机。我要减肥还是吃大餐？我要参加聚会还是找个借口拒绝？我回家过年要自驾还是坐飞机？我要去完成主管给的数字目标还是去做自己认为正确的事？我跟同事出现分歧是要争吵还是要解决问题？我要继续说叠词还是表现得成熟稳重？我要继续喜欢一个人还是忘记他？遇到这些问题时，我都会问问自己：哪种选择会令我更快乐？然后我就选择让我快乐的那种。

之前有一次，我妈催婚，我就故意气我妈，结果把我自己逗笑了。我妈非让我嫁给她邻居的儿子，我说："你告诉我我为什么要嫁给他？"我妈说："他人好。"我说："你觉得他人好的话你嫁给他，我不嫁，谁觉得他好谁嫁。"我妈当时被我气得哑口无言，但是我觉得我说的有道理极了。是我妈妈喜欢他，又不是我喜欢他。

每个人都有适合自己的、能让自己快乐起来的方式。在不触犯法律和道德的前提下，每个人的每一种选择都无关对错。我们不用非要去纠结这样做好不好，这样做对不对，只要我们不是要蓄意对别人造成伤害，我们选择什么都无可厚非。最重要的不是别人说什么和别人怎么看我们，最重要的是我们自己的内心。我们的心会给我们指引，先尊重自己和爱自己。

我是个很相信自己直觉的人，我相信直觉一定是我的大脑通过我所经历的一切做出的一种算法判断。我自己有两个一定会跟着自己直觉走的情景：一个是如果我即将离开一个地方的那一刻，我的直觉告诉我好像有什么东西忘了拿，有什么事情忘了做，那么我就会停下来想一小会儿再走。这个直觉真的是被印证了无数次了，只要我有这种感觉出现，但却并没有停下来就离开了，一定会发现确实是忘了东西。另一个是如果我跟一个人或者一件事情的互动让我感觉后面一定会有不好的事情发生，那我就会以各种方式尽快终止互动，这个直觉也是被印证过多次的。还记得吗？只能对着小电器倾诉的那段日子，我独自一人做小生意，过着有一个订单就有钱吃口饭、没生意就没饭吃的生活。但是如果遇到一单生意，从一开始跟这位顾客就有很多不顺利或者不良的互动发生，那我宁可尽快找个借口拒绝这单生意，也不赚这口吃饭钱。否则后面我一定会需要耗费更多的精力去处理问题，不仅搞得很不愉快，还可能因此获得一个差评。

　　所以，我会相信我的内心给我的声音，相信我的身体给我的感受。想做什么就去做，去做那些能让我快乐的事，去做那些能让我更快乐的选择，创造美好的人生体验。这，就是我，来人间走一遭的，属于我自己的——意义。

白日梦想家

这些，就是帮我把自己从 2019 年的抑郁情绪中成功解救出来的所有行动，现在也成了我在面对不开心的日子时的应对方法。以前的我，特别害怕面对不良情绪。但是现在，我不怕了，因为我知道，我有应对的方法。**我会允许我自己有不良情绪，毕竟人生荆棘丛丛。但是我仍然会勇敢地朝前走，不疾也不徐，就朝前走。快乐的，就享受，就感谢；不快乐的，就接纳，就应对。**

刚买车的时候，我特别爱惜它，一点点的小污渍都难以忍受。有一次，在高速上的服务区，因为太累了，我停车的时候踩得慢了一点，把车前唇撞裂了一块。我蹲在车前面看了一会儿，然后起身对它说："没事儿，辛苦你了，你带我去了那么多地方，我怎么可以要求你完美无瑕？这伤疤，就是你的勋章，以后的伤疤，也都是你的勋章。"如今，它又多了几个勋章，我们也继续在路上，步履不停。

第六章

我是如何帮助别人
一起寻找光芒的

　　除了帮助自己走出了阴霾，这么多年，我还给很多来找我沟通的人，在他们不开心、焦虑或者痛苦的时候，提供了一些启发和帮助。他们中有的是学生，在友情、家庭和学业上遇到了困境；有的是辛苦工作的职场人，也跟我一样遇到了来自同事、主管和工作的问题；还有的是家长，在孩子的教育和与其相处的问题上感到焦虑甚至手足无措……这其中有一些问题我自己也有过类似的经历，还有些问题虽然我暂时没有遇到，但是也通过我的分析和思考以及听到的类似的事件，给他们提供了一些探讨和思路。很多人告诉我这些思路对他们还是很有帮助的，大部分人沟通过后心情都会变得舒畅，有些人的棘手问题得到了解法，还有些人找到了新的方向。所以，我把这些也分享出来，希望能帮助更多的人获得力量。

如何判断自己是否陷入了抑郁情绪 💡

很多人得知了我的种种情况之后，常常会对号入座，开始怀疑自己是不是也陷入了抑郁情绪。

虽然那些确实是我 2019 年认为自己陷入抑郁情绪时比较显著的状况，很多来找我沟通的朋友也确实有过其中的一些表现，但是这并不是专业评判和诊断每个人状态的依据和标准，所以大家不用据此就给自己贴标签，每个人的具体情况并不一样。

我当时没有去看医生，所以也不知道自己是否患上了抑郁症。我也没有学习过心理学和医学的相关知识。如果想得到明确的诊断，建议大家还是去寻求专业医生的帮助。

不过，其实我一直没有纠结过自己是不是得了抑郁症，我的心思都用在了研究是什么原因造成了我的不良状态，以及有没有办法解决这些问题。还记得吗？今年 5 月，我突然生病了。因为痛苦和焦虑，我每天的状态都非常差。医生很担心，他告诉我这样对治疗和康复非常不利。于是，我告诉自己不要把自己当病人看，忘掉自己正在生病这件事。除了继续积极地治疗，我试着回到以前正常的生活状态，写东西，做家务，见朋友，出去玩，吃爱吃的东西，用舒服的姿势睡觉……不再给自己加很多条条框框，不再去紧张自己的身体状况。渐渐地，我的身体和精神状态都好了起来，治疗效果也显著提升，医生也很开心。不把自己当"病人"，成了帮助我康复的大功臣。

同时，也不要觉得抑郁症、抑郁情绪等有什么不堪甚至可耻的，这些其实是每个人这一生中都可能会经历的状态，只是有的人轻微，有的人明显，有的人已经察觉到，有的人自己都还没发现。我们的成长环境往往不是自己可以选择的，生活中又不可能总是一帆风顺，所以每个人多多少少都会出现这些状况，并没有谁能幸免，并没有谁是异类。甚至有一些表面上看起来非常阳光的人，也有可能隐藏着不太好的内心状态。我在前面的内容中写过一段话："我们的人生往往像一场战斗，甚至是一场苦战，而且几乎不会有终极关卡。并且，每个人都是如此，只是每个人遇到关卡的阶段、难易程度和每个人打怪的功力都不一样而已。所以，从来都不是只有你或者我一个人在战斗，一个人在面对困难，一个人在不开心、焦虑、痛苦甚至堕入黑暗。"

如果你此刻不开心，那就去意识它、体会它、接纳它、面对它、解决它吧。

记得，你不是孤身一人。

画重点

· 每个人的情况不同，不用依据别人的情况给自己贴标签
· 如果想得到明确、专业的分析，可以寻求医生的帮助
· 不把自己当"病人"，去解决问题和正常生活
· 大家都会遇到风雨，你不是一个人在战斗

怎么摆脱患病带来的恐惧和焦虑 💡

我遇到过几位因患病导致情绪低落和陷入焦虑的沟通者，有的人甚至因此抗拒与人接触，无法正常工作，开始有了恐惧和绝望的情绪。

今年5月的那次集中生病，让我真真切切地体会到，相比于身体的痛苦，疾病带来的精神上的折磨更加让人难以承受。在疾病突发和相对严重的阶段，我的身体迅速变得虚弱。疼痛、难以入睡、行动受限、生活不便、无人照拂、康复缓慢等都会让我逐渐消沉，脾气暴躁，甚至产生了自卑和绝望的情绪。而这些，不是病友的人，往往无法真的感同身受，常常难以给出有效的理解和安慰。我生病的时候就因为朋友的不在意和医生的不良态度而倍感难过，甚至还陷入了自我怀疑，以为是自己过于娇气和矫情。但是后来，我不再寻求别人的关心了，我也不怪他们，因为我知道，生病，真的常常只能是冷暖自知。我因为生病而情绪不好，是再正常不过的表现了。

因为缺乏疾病的相关知识，我主要是通过网络去获取信息。而网上的信息良莠不齐，说法不一，我常常因为各种对号入座而陷入猜测和恐慌。比如我的腿患上了下肢回流不畅以及早期静脉曲张，查了很多资料都说是不可逆的，也就是没有治愈的可能，唯一的解决办法就是在病情严重的时候做手术。如果保护不好，还有可能复发甚至可能烂腿和截肢。加上刚发病的时候，行动受限，我当时就觉得自己这辈子完了，因此消沉了好一段时间。后来，我想，与其猜来猜去，不如相信医生，反正不懂就问呗。于是，我每次就诊前都准备好问题，有了新疑问就再去就诊，并且去了两家西医医院和两家中医诊所分别诊治。这让我对自己的病情越来越明晰，也通过对这四位医生的诊断、回答和治疗的对比全方位地了解了自己的情况，不再消沉和绝望。我特别感谢自己这个举动，也很感谢这四位医生。他们分别跟我说过，"没事儿，我会治好你的，我会帮助你提升心肺功能，增强血液循环"；"你的气滞血瘀，我会帮你调理让它们逐渐通畅"；"虽然有很多症状，但是你目前还属于轻症，不用手术，尽量好好保护就可以"；"这种病发展非常缓慢，保护得好，可能十年之后才需要做手术，而且也许那时候技术发展了，会有更好的治疗方案"。这些话都给了我很大的鼓励，让我的心逐渐安定下来。现在很多医生都在社交平台上开设了账号，如果不方便经常去医院就诊，出现疑问和轻微症状的时候也可以尝试先在网上问诊，多跟医生互动，解开自己心中的疑问。

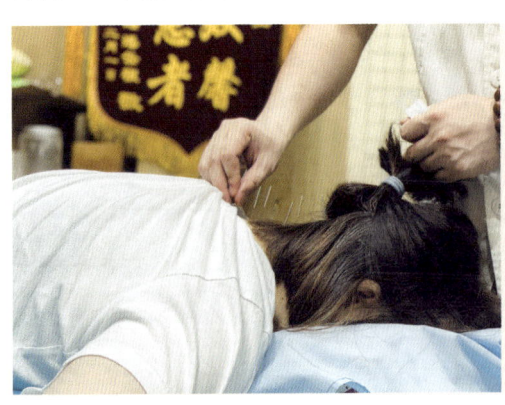

中医针灸治疗颈椎病

我曾经提到过，这次在颈椎病的治疗和痛苦的缓解上，给了我最大力量的是那些曾得过颈椎病的同事们。当我在他们面前说着说着就哭了出来的时候，他们非常能理解我的状态，并且告诉我他们当时也很痛苦，还给我讲了很多他们以前生病和治疗的经过。恰恰是他们能够康复，让我看到了希望。此外，因为他们已经有过治疗成功的经验，所以可以给我推荐医生、器材和颈椎操等，极大地解决了我遇到的问题，缩短了我自己探索的时间，让我康复得更快。漫长的治疗过程中，我也可以经常找他们倾诉和沟通，获得理解和宽慰。当时，还有一位同事生了其他的病，但是身边没有发现得过这类病的人，他便去社交平台上找到发布相关内容的病友，与他们讨论、交换信息和互相安慰。后来，有一个来找我沟通的人说，他的亲人因为被误诊而感到绝望，不肯继续就医，问我有没有什么办法劝说。我就建议他尝试侧面让亲人看到网上同类病友的治疗和康复情况，让亲人得到更有效的信息和看到希望。过了几天，他来感谢我，说他的亲人终于同意再尝试新的治疗方案了。所以，如果你的身边暂时没有病友，可以尝试在问诊网站和社交平台上寻找有类似经历的人，看看能不能得到一些共情和信息。

另外，我常听到有人抱怨医生，我生病的时候也有过这样的情况，感觉排队两小时，就诊五分钟，而且医生还常常显得非常不耐烦。这也是我最开始总是去网上查找信息的原因。但是后来我发现，如果让我当医生，我可能也会没有耐心，可能也会态度不好。因为每天从早上开始就要不间断地接待非常多的病人，每个病人都焦急万分，但是医生只能一个一个地看，连上个厕所和看得仔细一点都要被后面等待的病人抱怨。而且，医生因为知识丰富，见到的病例多，往往一两句就给出了诊断和完成接诊，也对轻症不以为意。而病人毕竟掌握的信息有限，又痛苦和焦虑在身，甚至都不知道该从何问起，当然无法满意这样的就诊体验，双方就难免会出现矛盾。此外，前面也说了，生病其实是冷暖自知，医生和我们的亲朋好友因为都不是病友，也很难真的感同身受。我刚生病的时候也跟很多朋友生过气，觉得他们不理解我甚至不闻不问不关心，但是后来我也不怪他们了，因为他们没有办法想象我当时的痛苦。就跟别人跟我说他生病了，我也只能安慰一句一样，毕竟我也无法对他的痛苦感同身受。所以，后来，我就积极地跟医生表达我的症状、担忧和疑问，也表达我对他们的理解和感谢，请他们理解我的焦虑和疑问。我的医生们常常被我逗笑，然后反过来安慰我。我也不再寻求亲朋好友的理解，想沟通了就找病友聊，其他时间好好治疗和解决问题。

有一次，我的闺蜜来探望我的时候说了一个观点，给了我很大的启发。她说，每一个医生都有局限性，每一个人的病症也几乎都是个案。我们不可能集齐全世界最好的医生给我们诊治，即使真的集齐了，也不见得就是最佳的治疗方案，更不见得一定可以治好。听她这么一说，我突然就释然了。我想，对呀，其实得什么病，遇到什么样的医生，被如何治疗，治疗结果如何，就如同人生其他事情一样，不一定都是能掌控的。那我不如不用那么在乎，就兵来将挡，水来土掩就好。尽力，就好。而且，我这一次生病，其中有很多问题也是随着年龄增长一定会出现的身体状况，虽然跟积劳成疾和不良习惯脱不了干系，但也确实是生老病死的自然规律中的正常现象。所以，我想，以后的人生，我不如就尽力在活蹦乱跳的时候，把有限的生命活好，去过自己更想要的生活。毕竟，我的生命只有一次，并且已经用掉了一半。

　　关于面对疾病，我前面还提到过，不把自己当病人，不那么在意，反而一切可能会好起来。类似的故事我们以前也常常在抗癌患者中听到，有些人以良好的心态好好生活，最终推翻了医生的结论，继续活了很多年，甚至完全抗癌成功。同时，我们也听说过，有些人吃了一些并没有实际效用的保健品或者进行了一些仪式和活动就觉得自己的病情有好转甚至康复了，这也常常是因为这些举动成了病人的安慰剂。虽然可能是假象，但这些反而让病人有了更好的心态，不再把自己当病人对待，从而身体和精神状态都越来越好。我听到的最吃惊的故事是国外有一位心理学家，很小的时候就瘫痪了，医生到家里看过后跟他的母亲说他活不过三天，可以准备后事了。结果这个小孩心想，这个医生说自己不能活就不能活了？自己的命运为什么要被这个陌生的医生定义呢？后来的故事就是，这个孩子决定活下去，并在自己的意志力和家人的悉心照顾下，奇迹般地恢复了身体机能，长大后成了一个正常的人，最终也成了一个心理学家。我们不一定非要渴求奇迹，我们也不一定能阻挡疾病来袭，但是，我们用什么样的心态和方式去面对，取决于我们自己。

最后，就是记得给自己找个"玩具"。还记得吗？看电影，看书，旅行，写作，拍视频……找到目标，为之行动，总之，转移注意力。我能清晰地记得我是从什么时候开始生病的，但是从什么时候开始完全好转的，我反而很模糊。因为后来，我都在做自己喜欢的事情，都在为未来的目标奔赴，完全没有在意自己是个病人，身体的症状和治疗也都成了吃饭睡觉这般生活的常态。最终，我不但病好了，痛苦少了，也完成了很多作品。

如果你正在因为患病而痛苦消沉，除了积极治疗，也可以尝试看看要不要换种与疾病共处的方式。我们阻挡不了疾病的到来，但是，我们的生命不止有它。

画重点

·生病时的情绪不佳和消沉并非娇气和矫情，是非常正常的现象
·相信医生，不懂就问，多方对比，避免猜测和恐慌
·找到病友，获得共情、信息和希望
·换位思考，理解医生和亲朋
·尊重规律，跟疾病和解
·不把自己当病人
·转移注意力

有没有一些应对失眠的方法 💡

我身边有很多朋友受到失眠的困扰，常常来跟我沟通有没有什么方法可以解决。我自己本身是个比较嗜睡的人，但是偶尔也会失眠，比如压力大，出现焦虑或抑郁情绪时；或者创作灵感爆棚，文思泉涌时。尤其是今年生病的那段时间，颈椎和腰椎的不舒服严重影响了我的睡眠质量，所以我也收集和尝试过一些方法应对失眠。

目前，对我自己最有效的方法是运动或劳动，相信大家也应该都有过类似的经验。比如旅行的时候，我都睡得特别香，有时候回到酒店很想整理照片发发视频，往往还没弄完呢，就困得睡着了；再比如白天如果进行了一个小时以上的运动或者体力劳动，甚至是脑力劳动，我也很可能特别困，早早就想睡觉了。所以，如果我发现自己连续几天都睡得不好，那我就会在那段时间的白天尽量做些让自己消耗体力的事情，比如出去玩、运动或者干体力活，自己遛自己。

我还会回想，以前我都在什么时候经常犯困，那我就在我失眠的时候尝试进行这些事情。比如我小时候一

为了睡得更香，我常常出门散步，还时不时能捡到好看的植物。

上课就困，哈哈哈哈；比如领导一开会我就困；比如我吃得太饱会困；比如我吃感冒药和过敏药的时候会困得昏天黑地。于是，在我失眠的时候，我会尝试打开手机听书，听课，或者拿起一本我并不是很想读的书硬看；或者以此为借口大吃一顿。这一试不要紧，对我的确有效果。不过，吃感冒药和过敏药这个做法我还是不太想尝试。

在前面"掌握方法让自己心境平和"的内容中，我提到过我今年在改善我的睡眠状况的时候，做了一个叫"身体扫描"的练习，对我比较有效。大概就是躺在床上闭上眼睛，脑子里默默地缓慢地从头到脚开始感受和描述身体的每个部位。一方面让自己放松下来，一方面排除杂念，停止胡思乱想和过度思考，估计跟现在比较流行的冥想的作用差不多。有个很有趣的事情：我以前以为自己平时就是很放松的，直到今年生病做推拿针灸治疗的时候，我才突然体会到了什么是真正的放松状态。我发现身体真正的放松就是一点对抗感都没有，那种感觉就好像我就是砧板上的一坨肉，松软地瘫在那，而放松恰恰也是入睡最需要的状态。

另外，还有一些零散的小方法对我也有些作用。比如我有时候会变换睡觉时头脚的朝向，也就是把头放在以前脚的位置上，朝着相反的方向睡，不知道有没有科学原理，但是确实会对我有些作用；比如我有段时间会形成固定的睡眠时间和入睡仪式，每天晚上十点必须关灯上床，关闭手机开始酝酿，并对自己说，大脑你赶紧停止思考，赶快睡觉，后来养成习惯了，基本上到那个时间就会有困意，但是这个方法确实比较难坚持；再比如有的人有光就睡不着，可以买遮光帘；有的人有声音就睡不着，可以用降噪耳机；我还看过一个说法，说降低体温有助于入睡，所以可以尝试不要穿得过多睡觉或者睡前调低室内温度。

面对失眠，我偶尔也会选择不对抗，也就是睡不着就起来做想做的事情。有时候我会刷电影看，看到天快亮的时候就会犯困；还有一次睡不着，脑海里突然就冒出了一套段子，我就起来把它们写成了一篇脱口秀的稿子。我就想，与其逼自己跟失眠斗争几个小时，还不如干脆用这几个小时做点事情，把几个小时的焦躁无结果变成有产出有结果。

不过，我个人觉得，睡眠状态不好，很可能的一个原因就是有心结。压力大、纠结、生气、恐惧或者兴奋等，都可能是我们的心结。所以，我认为，提升睡眠状态的终极方法还是要把心结解开，把压在心里的事情解决掉。等事情翻篇儿了，人就自然地放松下来了，可以睡个好觉了。不如，试着不再逃避，接住睡眠给我们发出的心结信号，尝试面对和打开心结吧。

这些如果对你都不起作用的话，别忘了，还可以寻求医生的帮助。

如果你正在失眠，不妨也尝试一下各种方法，希望你能找到适合自己的方法，更希望，你能放下心事。

睡个好觉，明天，就会是晴朗的一天。

画重点

- 运动或劳动，自己遛自己，消耗能量
- 回想以前做什么事的时候容易犯困，去做类似的事
- 进行身体扫描或冥想，帮助自己放松下来，排除杂念，停止胡思乱想
- 根据自身情况尝试变换朝向、固定时间和仪式入睡、悬挂遮光帘、戴降噪耳机、调低室温等方法
- 不要为难自己，偶尔可以不对抗，起来做点事情
- 解决目前遇到的困扰，放下心事
- 求助医生

被别人的评价困扰和伤害该怎么办

一些学生和职场人，通常会因为被别人的评价困扰来找我沟通。有的人会提到，如果他那样做，别人就会不认可他，所以他不能那样做；有的人会提到，他的同学跟其他人说了他的坏话，其他人开始疏远他，不理他；有的人会提到，他的主管觉得他有问题，他很害怕因此受到打压和排挤……

小时候，面对家长和亲戚时，我显得比较内向，有礼貌但不爱说话。以至于很多年后，我的亲戚们和我爸妈，竟然都对我能到外地上学和工作，能自己打理生活，感到非常意外。工作多年，我换过很多公司和团队，有的主管觉得我惊为天人，有的主管觉得我平平无奇，有的主管觉得我一无是处。我一直觉得自己亲和

力强，对人非常友好，但是我做主管带团队的时候，有很多人害怕我，觉得我很凶。曾经我也很迷茫，但是后来，我终于理解了。毕竟，每个人看到的，都是某个时期的我的某个方面。每个人对我的评价都是局部的，都是那特定的时刻他看到的和认为的我。这些评价可能是一个部分的我，也可能早已经不再是我，甚至可能完全就是误解。

而且，这个世界上没有任何一个人会被所有人喜欢，对于任何一个人，都会有认为他不好的人存在。一个人再怎么努力，都不可能令所有人满意。有人不喜欢自己，是件再正常不过的事情了。人人如此，众生平等。寻求不可以有人不喜欢自己，不可以有人认为自己不好，本身就是一件不可能的事情。是不是有点绕，哈哈，这，就是自然规律，客观事实。就如同我写的这些文字，收到过很多人的感谢，让我充满了力量，但是也同样不可避免地收到过讽刺和诋毁。以前的我，就是一个很晚才理解了这些的人，还常常傻傻地问：竟然会有人觉得我不好？怎么会有人觉得我不好呢？

有人对我的文字回以难听的言论时，我哭过。我想：为什么要对我说这些难听的话呢？我是为了给也正在经历着不开心的人们提供些帮助呀，哪怕只能帮到一点点。说完这句话，我突然就明白了，对呀，我的目的不是为了帮助那些需要帮助的人们吗？不是只要有人得到帮助就可以了吗？我为什么还要在乎其他的呢？于是，我不但继续坚持做下去了，而且，后来不管是写作、拍视频、回答问题、帮助别人还是做出工作和生活中其他的选择和决定，我都只问我自己：我做这些事情的目的和意义是什么？我应该在乎的是什么？我应该在乎别人的评价，还是应该在乎自己做这些事情的愿望和意义？

在我们的成长过程中，我们更多的都是在被安排和被要求，很少被锻炼独立思考能力，很少被培养自我认知能力，因此很少拥有自我意识。要想减少别人的评价带来的困扰和伤害，首先要认知自己，知道自己是谁，是什么样的人。某个主管说我一无是处我就一无是处了？当然不是，我擅长创意，我能写作，我帮助很多人解开疑问，我性格善良，我换位思考，我责任心强……某个主管觉得我惊为天人我就惊为天人了？我不擅长商业和数据，我接受不了重复和简单，我害怕冲突，我不守规则，我不能喜怒不形于色……虽然我至今也不敢说我完全认清了自己，但是我会不断地去了解我自己到底是怎样的，到底是谁，而不是任由他人说。提升自我认知能力的方法有很多，比如可以不定期地梳理自己，包括性格、兴趣、能力、优势、不足等；比如做一些专业的测试，包括九型人格、领导力风格等；比如还可以去找心理咨询师聊聊。

另外，大家也听过"煤气灯效应"，是指利用负面评价等一系列手段对被评价者进行操控，这种情况在感情和职场中越来越常见，甚至很多评价者和被评价者都没有意识到正在进行和遭受着这种恶劣的行为。不过，更让人难以防备的，不是容易有刺痛感的负面评价，而是赞美和表扬。有的时候，别人赞美和表扬我们，可能是因为我们真的优秀，但是也有很多时候，他们赞美和表扬我们是为了自己的需求。比如证明自己眼光不错,证明自己有吸引力,证明自己拥有人才,甚至,还有人是为了提高别人对我们的期待,然后对我们进行捧杀。我也是经历了类似的一些事情后,才逐渐地明白了这些。我告诉自己,以后要更客观地看待评价,尽量不要再因为别人的评价而忽悲忽喜,不要再做评价的奴隶。

虽然我们不应该为评价而活,但是我们也不用抗拒评价,毕竟我们在社会上生存,不可能避免评价的产生。尤其是创作者,因为想展示和传播创作内容,便不可避免地把自己推进了必然会被更多人评判的境地。不过,评价也有好处,正面评价几乎是人们的动力源泉,负面评价也可能让我们发现问题,帮助我们优化和提升。还记得我寻找目标的时候问自己的六个问题吗?我之所以去挖掘自己的高光时刻,就是想通过别人的正面评价来给自己指引一个前进的方向;而揭着旧伤疤也要回忆至暗时刻,也是想以这些负面评价和感受来明确我不应该在哪里浪费时间、体力、金钱。我身边有好多朋友包括我自己在更换工作时,都更愿意投奔那些更欣赏我们的主管,就是因为与他们共事,我们有可能展示出更多的能力,拥有更多的支持,甚至还可能被激发出潜能,取得更好的工作成果和回报。所以,面对评价,我不仅不要被评价操控,反而要让它为我所用,帮助我变得更好。

但是,不管怎样,如果你觉得某些评价就是对你造成了阻碍、困扰甚至伤害,并且让你陷入焦虑和痛苦中无法抽离,那么不如向这些评价者隐藏自己,不被他们评价或者远离他们。比如有些人说话的方式特别"毒舌"，他的评价常常带有讽刺、挖苦甚至诋毁的字眼。遇到这样的人，我通常会屏蔽、删除或者远离他们，不给他们评价我的机会。我这样的举动受到过一些人的质疑，质疑我不允许别人说我不好。但是我觉得，对于我不想看到和听到的、感到不适的言语，我有权利做出自己的选择，因为我没有必要长期跟只喜欢打击我的人交流以及让自己生活在充满打击的氛围里。有人也问过我，如果是恶意的诋毁，不是应该选择去解释和抗争吗？我觉得当然可以，每个人都可以选择维护自己的权益。只是我个人更喜欢把时间和精力投入到我更想投入的事情和人上，除非他的恶意和伤害大到了不能置之不理的程度。否则，在我看来，不理才是对他最大的回击，因为如果你真的并不在意，他对你的伤害就已经失败了。

在被要求和被安排的环境和惯性中长大，我们对事物的判断不可避免地经常来自别人的话语。而在生活和工作中，我们又主要是通过别人的评价获取关注和机会，致使我们常常需要通过别人的评价来争取存在价值和优质资源，这些都让我们难免会特别在意别人的评价。比如上学需要通过老师的评价和评分来获得成绩和升学机会，找工作需要通过面试官的评价来获得工作机会，进入职场后又需要通过主管的评价来获得晋升和加薪机会，等等。所以，完全打消对评价的在意是不可能的，也不是我们要追求的，在意评价也根本不是缺点和问题。但是，减少评价带来的焦虑、恐惧甚至伤害，是我们可以去努力和追求的。

如果你正在受到评价的困扰，不要自我怀疑，更不要被它操控。能承受，就从评价中吸收力量，变成更好的自己；不能承受，就远离和屏蔽。

别人的评价，不是你存在的意义，你，才是你的意义。

画重点

· 别人对你的评价只是别人看到的一个侧面，难免失之偏颇甚至充满误解
· 每个人都不可能被所有人喜欢，一定会有不喜欢自己的人，人人如此，众生平等
· 不必寻求别人的喜欢，别人的评价不是自己存在的意义
· 不断地认知自己，知道自己是谁，就不会任由他人说
· 警惕被评价操控，不做评价的奴隶
· 不抗拒评价，让评价为自己所用
· 远离和屏蔽自己介意的评价者
· 在意评价不可避免，但可以努力减少伤害

如何克服紧张、恐惧和逃避 💡

有个女孩说她也不知道为什么，就是不能去商场逛街。有好几次，一进入商场，看到很多人，她就开始不自在，然后就会头疼，迫切地想要逃离出去。有很多年轻人来找我的时候也都提到了类似的情况，他们一遇到某些事情或者进入某些环境就会非常难受，各种生理反应立马袭来，有的头疼，有的出汗，有的腿软，有的甚至呼吸困难，处于一种紧张甚至恐惧的状态。

我做主管带团队的时候，有个同事很抗拒跟别人沟通工作和开会，他只想做一个人默默进行就可以完成的工作，但是他又觉得这样的话会得不到认可，升职无望，很是苦恼。我问他，为什么不想跟别人沟通和开会，他说他觉得自己说的话不一定对，害怕会遭到其他同事的反驳甚至无视。我告诉他，如果他能做到对自己的业务烂熟于心，就会有安全感，就不会再怕了。于是，接下来，我要求他对自己的业务做到了如指掌，并且，更多地安排他单独去与其他同事沟通和开会。但是在沟通和开会之前，我会先跟他确认要沟通的内容，模拟如果对方有不同意见的话，他应该怎么应对，让他做到心里有底，而不是毫无安全感。这样大概过了不到一个月，有一天，他很高兴地告诉我，在刚刚结束的会议上，合作团队的同事放弃了原本坚持的意见，认为他提出来的方案才是对的，并且还称赞了他，对他刮目相看。而且，更令他高兴的是，他终于勇敢地在会上提出了不同看法，因为他已经对业务非常熟悉，所以他一下子就发现了合作同事方案中的问题。嗯，你应该能预料到了，从那以后，他不再觉得跟别人沟通和开会是一件很抗拒的事情，并最终成为团队中不可或缺且备受称赞的人。

这么多年我换了很多公司和团队，每次面试之前，我都会设想出面试官可能要问的问题，并准备好答案和进行模拟问答。进行各种汇报、述职、答辩的时候我也是这么做的，除了提前准备好要说的内容，还会预设好现场可能收到的问题，准备好答案，模拟好现场情境。包括我刚做主管的时候，我怕我跟团队的同事沟通他们提交的方案时无法当场指出需要优化的点，无法当场做判断和决策，我就先把他们的方案要过来，先把我的看法和要跟他们沟通的内容准备好，然后再去跟他们当面沟通。后来，这样做了一个月左右，我就再也不用提前准备了，也拥有了随时可以接受询问和随时可以去开会的能力。所以，至少在工作中，几乎每一次面试、答辩和开会我都不紧张，也从来不抗拒这些，并且还帮很多人解决了这方面的问题。

记得当年学开车的时候，我一直纠结应该学手动挡还是自动挡，甚至纠结到底学不学，因为几乎每个人都告诉我，学车特别难，好多人一直考不过。后来，突然有一天，我下定决心去报了名，因为我当时就想，那么多人都拿到了驾照，我为什么会拿不到？别人可以，我肯定也可以。而踩上油门的那一刻，我竟然发觉，之前的顾虑真的是太多余了，我的车感非常好。后来，我科目二满分一把过，科目三也没重考，顺利地拿到了驾照。不过，像很多人一样，我又开始不敢上高速，不敢开夜路，害怕下雨天。然后，在朋友的推荐下，我找了一位陪驾教练带了我几天，就完全没问题了，撒了欢儿似的开始了我到处玩耍的日子。

我想，我有时候会迸发出的那些乐观勇敢的性格，应该就得益于类似的这些经历，因为我知道，如果我害怕的是不会做、做不好或者是做错，那我就找到方法，勤奋练习，并且模拟现场可能发生的情况，提前做好准备，我就不再那么怕这件事情了。如果自己实在不敢，就找人带我做一次，下次就不那么害怕了，再不行就再找人再带，直到我可以自己进行为止。

妈妈让我陪她坐摩天轮，
因为只要有我陪着，她就不害怕了

前段时间，一个同事来找我，说他的工作中有些数据出错了，造成了一些损失。虽然是由于别人出错在先，但是是在他接手之后，才暴露了问题。之前负责的同事已经离职了，责任可能要担在他身上，他还很有可能会被处分。我在帮助他整理思路、想办法解决问题之外，还问了他一个问题。我说，这个工作存在很多年了，也是一种很容易出错的工作，之前这么多年没有其他同事出过错吗？他说确实听说之前也有过几次问题，而且其他团队或公司的同样业务也常常"爆雷"。于是，我就跟他说，既然这种业务难免会出现问题，那就不是只有他一个人会出错，他也不过就是其中之一，况且，哪有人在工作或生活中从来不出错呢？而且，这个道理他的主管和主管的主管肯定也明白，甚至可能已经经历过好几次类似的状况了。主管不高兴是肯定的，但是情况不一定会像他想象的那么严重。再者，这么大的公司，不可能业务出问题了，只追究一线员工的错误，主管肯定也是要负管理责任的。所以，他的主管大概率会选择大事化小，即使真的无法化小，也不可能把所有责任都推到他一个人身上。他只要把事情整理和反馈清楚，明确和反思自己的责任，提出一些改进的思考和计划就可以了，不用整日陷在恐惧中无法自拔。过了一段时间再见到他时，我并没有听到很多关于这件事的内容了，他反而聊起了最近生活上的一些积极的改变。

不过，有很多事情，非常重要，重来一次的成本也很大，甚至可能没有重来一次的机会，我们面对的时候就难免会紧张，比如高考。我当年高考的时候就有很多平时排名前列的同学，在那几天的状态反而不太好，考出了与平时差异很大的成绩。我记得高考前的几天，我爸妈问我，要不要那天给我买些鸡鸭鱼肉好好补补，或者买些补品什么的。我说不用，就给我做一碗我平时爱吃的面条，买一袋我平时爱吃的小咸菜就好。高考当天我穿了一身宽松舒服的衣服，踩着一双拖鞋就去考试了。那时候的家长也会在考场外等，但是不会像现在这样进行各种"花式应援"。甚至那时候家长们都会互相嘱咐，不要跟孩子说"别紧张"这三个字，就是干脆不要给孩子的大脑输入一个叫"紧张"的词。虽然现在的家长们也是好意，但是我觉得把这件事搞得太隆重了，反而容易让考生产生很大的压力，无法以平常心对待。包括面试和答辩也一样，尽心和努力用在前面的准备阶段，而正式开始的那天，反而要把它看作就是平时很普通的一次对话、一次讲述和一次会议，这样才能有更好的发挥。如果临上场的时候还是控制不住自己的小手、小腿和小心脏，那就深呼吸。或者回想一下我前面提过的，想象自己是一坨肉瘫在砧板上，去模拟那个松弛的状态，让自己放松下来。

而且，诸如高考这种事，虽然是我们人生中比较重要的事情，甚至我们为此付出了很多，但并不是只要这些事的结果不好，我们从此以后就无法生存，就会暗无天日了。这些事真的只是我们人生中需要打开的众多门中的一扇，这扇门打不开我们还可以去开其他的门。我们每个人都正是因为开了不同的门而拥有了独一无二的属于我们自己的人生。我们可以顺应社会的衡量标准获得一些自己想要的，但是不必认为不完全依赖这些标准就毫无出路。当我们明白我们不会因为得不到就陷入黑暗，也就不会在面对的时候陷入恐惧。

让我最开心的是，今年，我的想法又转变了，我决定了，即使我会因为得不到就陷入黑暗，也不会在再面对的时候，让恐惧成为我的绊脚石。毕竟，做了，经历过，体验到，比结果是什么更重要。这是因为去年年底我喜欢上了一个人，可惜，他应该不喜欢我，甚至当得知我的心意之后，最终和我成为陌路。因为这件事，我又痛苦了很久。今年年底，在做了最后的努力仍然无济于事之后，我终于决定彻底地放下。那一天，我本来的想法是：哎，每次喜欢上一个人或者投入恋爱，都要经历这么深的痛苦，那以后就不要再去喜欢上谁了吧。结果我转念一想：每一次的喜欢和恋情，难道不正是因为经历过很多开心和幸福的过往，才会带来痛苦吗？难道那些开心和幸福不珍贵、不美好吗？我羡慕那些能遇到合适的人并能经营好亲密关系的人，但是我也只不过就是在生命中比别人遇到了更多的人和故事，不小心比别人多了更多的过客而已。我就把这些人和事当作我的经历就好，再遇到的时候尽力做得更好，尽力创造美好的体验。能有好的结果是幸运，没有好的结果就继续往前走好了，没有必要因为可能要遭受痛苦，就再也不给自己体验美好的机会了。而且，我又怎么知道永远都不会有好的结局？一次两次不成，再试一次。就像小时候一样，摔倒了，哇地哭几声，然后抹抹眼泪和鼻涕，拍拍尘土，继续站起来往前走。前面还会有石头和坑，但是前面也会有汽水和棉花糖。

今年有句很流行的话——你不尴尬，尴尬的就是别人。欧美国家的人有个很值得我们借鉴的品质就是他们大多非常自信，即使很胖，也敢穿紧身服装；即使不高，也穿着平底鞋昂首阔步地行走。还记得我是怎么对待我的白发问题的吗？今年生病后，身体比较虚弱，我停止了染发。这一停，就再也没有染过，我就想：只要我不在意，别人爱怎么想就怎么想好了。结果，我就真的不介意了。后来，不知道是不是因为我真的不再注意了，我再也没有感觉到有人会疑惑地看向我的头顶。我甚至还觉得自己成了一个很特别的人，拥有了区别于他人的特质。而且，我不是还把肥胖给我带来的困扰写成了段子吗？从那一刻起，我也觉得，胖也是我的一个特别之处。我明明是个不想千篇一律，很想与众不同的人，难道，这些不是正如我所愿吗？我朋友比我还过分，他说我当不了喜剧演员，是因为我还不够胖，他让我再长几十斤。我因此跟我外貌上的自卑全部和解了，并且再也不会因为这些而不敢挺胸抬头走路，我也不会再目光闪躲，不会再希望自己是个小透明了。

我也遇到过一个一度让我很抗拒的同事，他本来脾气就急，又因为对工作交付质量的要求很高，就会更加强势。当我跟他一起工作的时候，他会非常高频次地来找我，并不停地叮嘱我。他的性格和工作方式让很多跟他一起工作的人都觉得压迫感极强，还有好几个因为忍受不了而辞职了。我也曾提醒和劝过他，但是都无济于事。他发来的信息我也根本就不想看，因为看到了就想发脾气。猜猜最后我是怎么摆脱了这个恐惧的？我想，他这样的表现除了性格原因，最大的问题是他希望他对工作有掌控感，以及他总担心一起工作的人做不好。那我不如提前建立好我和他合作的规则，我跟他把截止日期和工作节奏定好，每天沟通当日工作进展，并跟他说好其他时间不用担心和催促。这样做了之后，我就没有再每天不停地收到他的消息了，不但少了很多烦恼，还节省了时间，提高了协作效率。

还有件特别有趣的事。我以前经常会胡思乱想：万一有一天我遇到鬼怎么办？并常常因为这个胡思乱想而感到害怕。后来有一天，我突然就想通了，我告诉自己，我这么善良，还不干坏事，鬼应该不会来找我，找我的鬼应该也不是想伤害我的。这个不想伤害我的鬼如果真的来找我了，那我就跟它打招呼，跟它聊天，问问它最近有什么烦心事，为啥要来找我。哈哈，这么想了之后，我就舒服多了，胆子也大了那么一点点，也不再为这个本来就很可笑的恐惧而烦恼了。

但是，不可否认，有一些恐惧，我们很难解决，那就三十六计走为上，继续用屏蔽和远离的方法。逃避没有什么可耻的，不一定非要克服，迎难而上是一种选择，但只是选择中的一种，更何况我们已经为解决问题付出过努力了。比如家暴，比如霸凌，比如打压，如果无法解决和抗衡，那就远离他们去过更好的生活。我们不能选择自己的家人，但是我们能选择不跟谁一起生活；我们如果不能解决霸凌，我们可以选择离开他们所在的城市；我们不能改变主管的评判和态度，我们可以选择不再受他管理。不用担心，我们的生活离开了这些人，不但不会变差，反而很可能会变得更好。这条路上有狮子老虎蛇蝎毒虫，那我们就换一条路走，即使慢点，也是在前进，并且陪伴我们的是阳光和星星，而不是紧张和恐惧。在股票投资里有个概念叫止损，逃避有时候也可以帮助我们减少损失，帮我们避害，给我们一个转机。我人生中的很多个机会，都是从离开一个环境或者离开一个人开始的。

以后前行的路上，愿你少些害怕，多些勇敢。

其实没什么大不了的，天又不会塌下来，就算塌了，也没什么大不了的。

画重点

· 明确自己具体在恐惧什么，是怕说错做错被嘲笑？怕外貌差异被议论？还是怕……

· 如果是怕犯错，就找到方法，勤奋练习，模拟现场，提升自己的安全感

· 没有人不会犯错，我们只是其中之一，后果也不见得如想象的那么差

· 调整呼吸，放松身体，当作是平时一样，看淡结果的重要性

· 做和做不成都没关系，没有体验到和经历过才遗憾

· 我不尴尬，尴尬的就是别人，我们只是与众不同

· 反客为主，建立规则，淡化恐惧

· 不必非要迎难而上，转身也会带来机会

工作中怎么驱动别人一起合作

前段时间我应邀去给一家公司的一个团队做了个分享，分享的内容主要是关于在工作中如何驱动资源，如何说服其他团队一

起合作，因为这个团队终日为此焦虑万分，严重影响了工作的推进和团队的士气。

其实这是职场人非常常见的苦恼，越大的公司越会遇到这样的问题。因为如果驱动不了资源，无法达成合作，有的团队就会没有办法完成自己的一些设想、规划以及业绩，会非常影响工作的开展和成果的实现。我被邀请去分享，是因为在过往的工作中，我曾有幸啃下了几个"硬骨头"。我的经验和心得是，要想驱动别人，就要做到有果子、说清楚和够幸运。

有果子，就是要知道对方想要什么。他想要的可能是完成实际的业务目标，比如已经明确的业绩指标；也可能是一些隐形的欲望和诉求，比如加薪晋升，比如需要在简历里体现某些工作经验或者某些项目经历，比如需要扩大业务版图，等等。了解了对方想要什么，我们才知道自己要做的事情是否能与对方的诉求有所关联，以及什么样的项目才能驱动对方做出投入。而至于如何了解这些，也有很多方法。如果是大公司，流程比较规范，我们可以通过相关的系统和邮件来查找信息；如果是比较开放的公司或者团队，可以直接询问；如果是相对没那么开放的公司，或者如果我们希望表现得更有诚意的话，可以约对方一起吃个饭或者喝个咖啡，聊聊相关的话题。

说清楚，我认为是基本要求。说清楚包括三个方面：一方面是清楚地介绍自己，另一方面是清楚地表白对方，第三个方面是清楚地做出合作分析。

我之前对自己有个要求，就是要用一句话描述清楚自己的目标或诉求，再用一句话描述清楚自己要如何实现这个目标或诉求。我们可以换位思考一下，如果别人想来找我们合作，但是他根本说不清楚自己要做的事情以及实现的方法，那我们是不是就很难有兴趣或者有意愿跟对方一起做事了？同理，在驱动别人的时候，我们首先要能把自己的信息说明白，而且尽可能简明扼要地说明白。没有人有耐心听长篇大论，对方也可能根本没有过多的时间。同时，能否一句话说清楚，也是检验我们自己是否已经想清楚这件事情的方法，也体现了我们是否专业和是否自信。

除了清楚地介绍自己，更要清楚地表白对方，也就是要清晰地表达想与对方合作的意愿，真诚直接简要地表达对对方的赞扬和欣赏。我们大部分人说话都比较含蓄，有时候我们说了半天，对方也没有理解我们的意图，所以，记得要清晰地表达出来。同时，只要不是谄媚的，没有人会不开心被他人认可和赞美。真诚地表达对对方的赞美吧，这样也可以提升双方交流的氛围，有的时候，还能让对方增加自我认知，更清楚地意识到自己的价值。

清楚地做出合作分析是指清晰表达双方优势和合作机会以及酌情表达双方劣势和合作风险。这时就要把如果双方达成合作，对方能得到的果子和我们能帮助对方满足的诉求明确地表达出来，让对方意识到合作的好处。至于是否要说劣势和风险，也就是是否要丑话当先，我觉得可以具体情境具体分析。可以根据对方目前的接受程度、认知视野、焦虑程度等去判断是否要说或者说的范围和程度，大原则就是尽量不要做重大的隐瞒和欺骗，否则可能会造成对风险预估不足并且最终有损自身信誉。

而即使做了这么多，我也不得不说，对方能被我们驱动成功，除了足够努力，我们还需要足够幸运。比如对方正好有空，比如对方正好觉得通过双方的合作能得到他想要的，比如对方相信我们和相信这个项目。如果想让对方信任我们，让对方对项目有信心，也可以尝试从四个方面做些努力。第一是保持好的关系和合作的顺利度，让对方对我们的人感到放心，对合作的过程感到舒心，提升整体好感。第二是在自己的工作领域精进，提升专业度，提升做事的成功率，过往的优秀战绩是我们和团队最好的背书。第三是要有诚意，必要的时候可以先付出或者让渡一些利益。第四是制造舆论，借他人之口让对方知道我们的好或者跟我们合作的好处，打消对方的顾虑。

其实除了有果子、说清楚和够幸运，还有一个方法，但是我觉得尽量不要用，就是给压力。在工作中，施压基本上就是搬出更高级别的主管甚至是公司老板的一些想法和话语来威慑或者逼迫对方出资源答应合作。这种方法虽然通常会奏效，但是一定会被人鄙夷，拉下口碑。如果万不得已非要用，也最好不要用威慑和逼迫的态度，成为晓之以理的一部分更适合一些。

最后，如果对方就是不想合作，那我们就换个对象去驱动或者也放过自己，尽人事后听天命，毕竟人生本来就不是所有的事情都能够达成的。如果成功驱动了对方，但是由于各种原因，合作后的成果并不好，那么就劝对方和自己一样尽人事听天命，还是那句话，毕竟人生不是所有事情都能达成的。另外，也可以看看是否能从其他的项目或者工作中找补一些资源和利益，让对方也减少一些损失或者达到一些平衡。

　　每家公司的企业规模、业务类型、组织架构、发展阶段等都不一样，受困于驱动资源的你遇到的实际情况可能非常复杂，唯一能做的就是尝试各种方法尽人事。相信终有一些努力是会有好运加持的，加油！

画重点

· 要有果子，要知道对方想要什么，对方的目标和诉求是什么
· 清楚地介绍自己、清楚地表白对方、清楚地做出合作分析
· 保持好的关系和合作的顺利度，让对方对我们的人感到放心，对合作的过程感到舒心
· 在自己的工作领域精进，提升专业度，提升做事的成功率
· 有诚意，必要的时候可以先付出或者让渡一些利益
· 借他人之口让对方知道我们的好或者跟我们合作的好处，打消对方的顾虑
· 不要施压，万不得已必须要用就融入晓之以理
· 保持尽人事，看淡结果

如何才能在职场中获得晋升 💡

跟我沟通过的同事中，有一半以上的人是因为这个问题来找我的，毕竟职场的晋升不但代表了一个人能力的提高，而且基本都会与收入的提高直接相关。此外，如果长期得不到晋升的话，不但面子上过不去，还有可能被贴上能力不行的标签，甚至开始自我怀疑。所以，如何才能在职场中获得晋升，成为很多职场人的苦恼。

虽然工作上我也遭遇过屡次碰壁的挫折，但是整体上还是逐步上升的。离职之前，我在上一家公司最终晋升到了还不错的级别，而且每次晋升的过程也没有经历过重大的曲折，所以会有很多同事想听听我在这方面的经验。

首先，我会先了解和明确公司的晋升制度和层级要求。制度就不多说了，无非是规则、时间、形式等，虽然可能会随着公司的发展发生变化，但一般都是公开透明的。我自己比较看重的是层级要求，因为这个就相当于目标，它会决定我接下来需要在什么方向上付出努力。一般情况下这个信息也是公开透明的，如果不是的话可以尝试向主管或人力资源部门咨询。

知道了要求和标准之后，我会对照自己目前的能力和成果进行评估，找到自己与标准的差距是什么。既要看自己哪些还达不到，也要看自己已经达到了哪些。我通常会了解比我高一级和两级的标准分别是什么，看看是不是能从高两级的标准里找到自己其实已经尤为突出的能力和成果。差距找到了，就可以以补上差距为目标制订接下来的行动计划了。假设要求和标准中的跨团队协作能力和总结沉淀复用能力在我目前的工作还没有相关的体现，那我就要在下个晋升期到来之前争取进行几次跨团队协作的工作或项目，选一个工作内容进行总结沉淀并复用给其他同事或业务。提前提升好能力和准备好成果，而不是等晋升开始的时候才发现，原来自己真的不满足白纸黑字的要求。

并且，在这期间，我会尽可能多地展示我的能力和成果，让更多的人认识我和知道我的能力和成果。如果逐渐地有很多人开始疑惑我为什么还不是高层级，有很多人跟我说下次晋升我准没问题，那基本上就是在同事们眼里，我的能力和成果已经符合他们认知的下一个层级的要求了。这种众人的认知不仅可以帮助我进行自我评估，提升自信，也可以形成一个舆论支持环境。虽然我晋升成功有很多因素，但是确实每一次参加晋升之前，我的能力和成果就已经在一定的范围内小有传播了，因此基本上最终面试我的评委们也都早已对我的情况有所了解。

每个公司晋升的具体流程和形式不一定相同，但是应该都不太会逃脱需要述职答辩这个环节。我在答辩这个环节上就是把握住几件事：准备材料，模拟演讲，自信展示，真诚回答。

准备材料在一般情况下就是指准备好要讲述的演示文稿，预估一些可能被问到的问题并准备好自己的答案。演示文稿不要贪多，控制在十页之内。一页介绍自己过往的履历和成果，二到五页展示对标下一个层级的能力和成果，一页明确列出自己符合下一个层级的特质，一页表达对未来的思考和计划，两页留给封面封底。将演示文稿控制在十页内有三个好处：第一是清晰简洁，重点突出；第二是评委不会因为听到长篇大论逐渐走神儿；第三是会更加凸显个人的专业度和表达能力。对于其他更多的可以展示自己能力和成果的内容，可以准备好放在电脑里，需要的时候随时打开，但是不用在主展示环节全盘展示。在我看来，答辩当场不是给自己的过往做回顾，播放自传纪录片，而是通过自己的内容和讲述，让评委明明白白地知道，为什么这个人应该晋升到下一个层级。

前面的内容中我提到过帮助团队的实习生进行转正答辩的事情，模拟演讲大概就是那样一个过程，主要就是做到：真正演讲的那一次，不是我的第一次。甚至你想要的姿势、手势、语气、语速，提前都可以设计和练习好。也不用流利地背诵下来，对于自己的能力和自己做过的事情，是要有能够张口就表达出来的能力的。一个人是在背稿子还是自如地表达真实情况，是能够被看出来的。

而答辩当天，理论上我已经模拟了很多次了，所以不用想别的了，也没什么可紧张的，我唯一要做的，就是展示出我的精气神儿。进场和过程中展示礼貌、自信和真诚，这真的就是那天唯一要做的。评委会问问题，如果问到回答不上来的问题，我就会真诚地告诉他们，这个问题我之前没有思考过，此刻还没有答案，我会带回去认真地思考一下。一个人是有真材实料还是在编造，一个人是真诚表达还是浮夸表演，都是能被看出来的。回答问题的时候，要表达的是对一个问题的思考和态度，而不是追求绝对的对答如流。

　　晋升通过当然值得高兴，但是如果没有通过，那就了解原因，继续努力。天时地利人和这几方面，一定是在什么地方还有些问题。不过，还有一些人是苦于没有表现的机会，我自己就遇到过一次。同事们早早就说那一年晋升肯定有我，结果提名通道还有几个小时就关闭了，主管还是没有给我提名。我当时的想法是，晋升可以不通过，但是我不能连机会都不争取。于是，我去找主管聊了一下，表达了我的意愿，最终，他同意给我提名，而最后，我也答辩通过，成功晋升了。所以，每当有人遇到同样的问题来找我，我都会鼓励他，不管结果怎样，机会还是可以努力争取的。争取不到没关系，但是，不应该因为怕争取不到就不去争取。当然，如果主管一直不给机会，要么就跟他聊清楚我们接下来还需要在哪些方面努力，要么，就考虑换个团队吧。到更适合自己，更有提升空间，更被赏识的环境，这样才能有更多的成长和成果。比如，我有个同事，他工作多年，一直很优秀，他接下来需要增长团队管理的能力，这就需要有人给他管理团队的机会，否则这种能力就无从谈起和展现。但是主管一直没有拨一些同事到他的麾下，也没有给他机会自己组建团队，最终，他跳槽了，而且如愿地成了主管。我相信，一年后的他，会拥有很多团队管理的经验和心得。

　　如果你正在为晋升而苦恼的话，可以尝试先定义什么是你想要的晋升，它的标准是什么。这样你就应该知道，自己该往哪个方向努力了。

别人的标准，不见得是你想要的标准。

总之，想明白自己的目标，最重要。

画重点

· 先了解和明确公司的晋升制度和层级要求

· 找到自己与标准的差距，并开始进行补差距行动，提前提升好
  能力和准备好成果

· 平时多展示自己的能力和成果，被更多人了解和知晓

· 准备好答辩材料，演示文稿不超过十页，体现晋升理由而不是
  写自传

· 模拟好演讲和问答环节，做到答辩那天已经胸有成竹

· 礼貌、自信、真诚地展示和回答问题，体现出精气神儿

· 努力争取机会，若一直得不到，除了找原因，不妨考虑换个环境

人到中年如何突破职业瓶颈

可能是因为不知不觉，我们已经走到了跟不惑之年招手的年
纪，所以这几年有很多朋友和同事由于进入了职业的瓶颈期而普
遍陷入焦虑，在跟他们的沟通中，我发现其实我也遇到了同样的
问题。甚至 2019 年我陷入抑郁情绪，表面上是跟当时工作上遇到
的具体问题有关，其实背后的原因，应该就是我不可避免地进入

了中年危机。我还想了一下，我的父母难道没有过这样的时期吗？嗯，怎么会没有呢？那不就是我年少时家里情况最不好，氛围最差的那些年吗？当年我的爸妈四十出头，并且遭遇了中国工人的下岗重创。我甚至发现，其实我这整本书不是在写我是如何把自己从抑郁情绪中解救出来的，而是在写我是如何面对中年危机的。

什么是中年危机呢？我脑海里出现了十二个字，那就是"高不成低不就，上有老下有小"。之前有人来找我的时候，我会继续跟他分享我是如何计算我需要的钱，我是如何计算我所剩的光阴，我是如何评估我的体力，我是如何认知我的能力，进而我是如何找到目标，并付诸行动，开启我人生的下半场的。但是现在，我觉得，与其说人到中年遇到了职场的瓶颈，不如说，人到中年，职业生涯中出现了一个分水岭。那么站在这个分水岭前，如果我们感到难受，我们能做些什么？这个分水岭出现在每个人面前的时间不一样，有的人可能三十多岁就遇到了，有的人可能一路顺利，要走到快五十岁的时候才发现，一切好像不对了，自己好像已经无法按部就班地工作了。一部分人觉得，自己应该再上一个台阶，做主管，开公司，站上更大的舞台……于是，分水岭促使他们又往上走了一层，甚至开始了持续攀登的过程；一部分人觉得，自己从前的人生已经告一段落了，它再也带不来更多的东西，自己也已经不是从前的自己了，体力的下降，技能的停滞，环境的变化等，都迫使他们需要重新审视一下自己，找到和开启新的人生了；一部分人觉得，嗯，非常不快乐，但是也不知道该怎么办，就向前走吧，这也不过就是人生的一个阶段。

在我身上，这些情况是交织在一起的，都存在，都在分水岭时期伴随着我。我也曾尝试上台阶，但是我也因此问自己：我是不是有能力上台阶？台阶上的世界是不是真的就是我想拥有的？我也在尝试开启新的人生，并在此刻就为此努力着；我同时认清，我就是芸芸众生之一，我就是一个普通人，我不是必须要找到和明白什么，跟着时间，去找、去明白，就好。这看似是站在分水岭旁思考该如何突破职业瓶颈，其实，是站在未来人生的大门前思索，想大概知道一下，打开门之后，在余下的光阴里，自己想怎么活。

今年我辞职的时候，也曾心慌过，而且出现了生理上的心慌反应。我觉得之所以会这样，可能是我感到了害怕。毕竟离开了公司，我以后就要彻彻底底地自己一个人面对世间所有的"怪兽"了，连最后一个可以躲起来的壳也没有了。不过，最后，有几件事情帮我消除了这个心慌的症状。第一件事是我在正式走离职流程之前，做了最后一次跟主管沟通并提交新的业务方案的努力，所以，虽然最终他没有挽留我，但是我觉得自己已经尽力了，无愧于自己了。第二件事是我跟自己说，既然我已经算好了钱，知道我最差的境地也不是不能承受的，并且找到了目标，开始了行动，那我就不要怕了，朝着目标走就好了。第三件事是辞职之后，我的好朋友打电话给我，他怕我会因为没有收入了便惶惶不可终日。我说："我在做着我想做的事情，而且，就算我没有在努力，但是我辛苦工作了这么多年，我不配休息一年吗？"说到这里，我突然觉得，对呀，接下来的一年，即使没努力，也不要责备自己。不停下来，怎么再出发？第四件事可能是帮我打跑恐惧，给了我最大力量的事。我想起了我的妈妈，想起了我很不愿意回想的一段日子。那时候，她四十出头，就是刚才提到的，她和我爸人到中年并遭遇下岗的时候。那时候，我爸因为尝试承包建筑工程失败，欠下巨额债务，连家里的房子也没了。是我妈一个人，用凌晨进货，白天卖菜，风吹雨淋，天寒地冻，一秤一秤，一筐一筐的劳作，支撑起全家用度，供我上学念书，为我爸还清了债务。那些年，我妈教我如何躲债；那些年，我妈黑瘦脱相；那些年，我妈承受着我爸的冷热暴力。而在此之前，她也曾是工厂里每年的先进员工，在此之前，她也曾白皙爱美。时至今日，我妈也从不抱怨，即使我提起这些，我妈也一笑而过，仿佛从未发生过什么。我当时想起了我妈，我告诉自己，我也不要怕，因为当年，妈妈也没怕。或许她也怕，但是她在家里的财产都没有了，在没人支撑的情况下，放下面子，扛起一切，撑了过来。而妈妈，我的妈妈，只是一个身高一米五、不善表达、初中文化的女人。

辞职的时候，同事们知道了我之后的打算，几乎都会冒出一些话，比如他要是没有孩子，比如他要是再年轻几岁……以前的我会表达些什么，现在的我什么都不会说，因为我知道，每个人面对这道分水岭，都可以有自己的选择。

这些就是我面对中年危机的所思所想以及所做，这整本书所

在一个展览的文创区，买下了这张卡片，
拍了这张照片，发给了妈妈

记录的也都是站在那个分水岭时，我的所思所想以及所做，虽然
当时，我可能还没有那么清晰地意识到。

如果你也正站在分水岭旁，你可以利用职场晋升的思路和方
法试着上个台阶；你也可以重新认知自己，找到目标，付出行动，
开启一段新的人生；你还可以不用逼自己，就做好每天的事，随
着每天过去，迎着每天到来。

人生海海，无论怎样，都可以滚滚向前。

嗯，人生海海。

画重点

·人生海海，余下的人生想怎么活，选择在自己
·什么时候都可以再出发
·办法总比困难多，只要你想再出发

怎么判断该不该离开一家公司

前面已经提到了，这本书还没写完，我就经历了一件人生中比较重要的事。9月末，我，辞职了，正式成为一个自由人，当然，也正式没有了收入。之所以我觉得这次辞职是我人生中比较重要的事，是因为，我的计划是，除非为生计所迫不得已，否则，我不想再进入下一家公司了。

关于我为什么要辞职，其实本来是很私人的事情，但是今年有很多同事跟我聊到，他们也在犹豫要不要换一份工作，所以我觉得还是可以把我的思考也说一说，带来一些新视角。

其实我想辞职已经不是一天两天了，甚至至少也有一年两年了。先说说为什么这次，我付诸了行动。

第一个原因，我之前所做的工作大都不是我喜欢和擅长的事情。我有很多年都在互联网公司做运营的工作，而我反复地提到过，其实我就是很喜欢创作，不管是写作、音频视频制作还是摄影和绘画等，只要是跟文学和艺术相关的，我都非常喜欢，可以沉浸其中，乐此不疲。而且我很喜欢自己创作出来的东西，这些创作

并不需要花费我很大的精力，就常常可以收到比较理想的反馈。所以，我还是非常希望能去做我喜欢和擅长的事情。

第二个原因，生病让我觉得人生的好时光变得有限且珍贵。今年5月的那次生病，我之后治疗和恢复了三个多月。这次生病算是我长这么大最严重的一次，也让我终于明白，随着年龄的增长、过度的劳累和不良生活习惯的影响，自己的身体状况已经逐渐开始走下坡路了。人生大概率不会再拥有年轻时的高质量身体素质带来的高质量的生活体验了。熬不动夜，不能劳累，记忆力减退，要注意饮食和保暖，可能随时有疼痛出现……这些都将是我以后人生中的常态。而且我永远不知道明天和意外哪个会先来，所以，我不想再等了。

第三个原因，我不想把精力浪费在并不创造价值的内卷上。内卷是今年的热词，也是普遍存在的问题，并不是单独出现在某家公司或者某个团队。我辞职前做的工作是我很多年前的能力水平就可以承担的工作，这对于我来说，没有成长，也创造不出价值，自己不能接受，主管也不满意。虽然我也尝试过不停地写方案和表达诉求，希望贡献应有的能量，但是无济于事。虽然我在职场上已经过了初始的学习、拼搏和不断寻求晋升的时期，但是也仍然要每天投入到无限的内部竞争当中，并要为此加班，为此思虑，甚至为此争吵。我觉得不如全情投入到内容创作中，让更多的人得到宽慰、启发和帮助，也让自己创造价值，让自己觉得生命没有被浪费。

　　第四个原因，人生本无意义，人生的意义在于体验。还记得吗？我陷入对人生意义的思索中，就是这个时期。哈哈，我还是忍不住想再说说那次有趣的经历。辞职前的某一天，我问自己：我每天消耗粮食，产生垃圾，我存在在这个世界上的意义是什么？然后我发现，其实没有意义。然后我又想：那动物们存在的意义是什么？然后我又发现，其实也没有意义。然后我又想：那地球和宇宙存在的意义又是什么？然后我再次发现，其实都没有意义。我想，既然这样，那不如我想怎么活就怎么活好了。于是我决定，余下的人生，就用来体验，在不对别人造成困扰和伤害的前提下，体验所有我想体验的东西。

　　第五个原因，我想给我的那些炙热的梦一次机会和付出。我有很多爱好，我喜欢旅行，我热爱创作，我有很多奇思妙想，我喜欢一切美好的东西。但是工作这么多年，我跟我的爱好离得越来越远。离职前还在生病中的某一天早晨，我从睡梦中醒来，睁开眼睛，望着天花板问自己："如果这辈子就这么过了，你遗憾吗？"我发现我特别遗憾，因为我所有的爱好和梦想都没有得到发展和实现。而它们没有发展和实现的最大的原因不是我的运气不好，而是我并没有为它们认真地付出过，我从来没有给它们从脑海里跳出来的机会。所以，我决定，不管结果怎样，我要给我所有的爱好和梦想一次机会，给我自己一次机会。我不想当人生走到尽头的时候，我又要说出那句我当初要是怎样怎样就好了。

　　第六个原因，跟平凡的自己和家庭都和解。这个和解的经历你在前面也看到了，以前的我给了自己非常多的压力，希望自己优秀，希望自己漂亮，希望自己有越来越多的收入，希望自己有人疼爱……害怕辞职之后没有饭吃，害怕父母的生活质量下降，害怕更加不会迎来爱情，害怕穷困潦倒抬不起头来……如你知道的，现在我跟这些都和解了，我仍然会继续努力，但是如果我最后仍然只能过很普通的生活，甚至可能为吃饭发愁，那我也接受，因为这就是我的生活。我相信每个人都可以努力创造美好的生活，但是每个人也都无法操控生活本身。既然这样，我又何必去害怕

夜晚写作，
火焰"兰光"

什么？我也不必考虑生活会带给我什么，我只要好好生活就好了。

第七个原因，分析自己最差的情况，建立安全感。这个前面

也提到过，在找目标的时候我就做过，这次辞职之前我又做了一次。我盘点了我所有的资产和贷款以及日常消费，大概计算了辞职之后我还能支撑多久，以及现金花完了后，如果处置一些资产还能撑多久。然后我又算了一下，处置资产之后，如果回老家生活或者去那些我很喜欢的风景优美，但生活成本很低的小地方生活又可以撑多久。算完了之后，我突然就有了安全感。因为就算以后再也不想找新的公司上班了，如果去小地方生活，我应该还是可以维持基本的温饱的。而且，我觉得但凡我还有手有脚，就应该不至于连一口饭钱都赚不来。所以，我想，既然不会没饭吃，不会没屋住，那就勇敢地朝前走吧。

第八个原因，即使我不主动走，公司也不可能养我一辈子。在一家互联网公司做运营做到退休？这是不可能的，我相信没人会反驳我。所以，不管是我主动走还是被劝退，离开的这一天，早晚会到来。同事们建议我熬到可以被劝退的时候拿赔偿金，我没有听，每个人做自己想要的选择就好。

第九个原因，除了有收入外，踏进公司，并面对里面的所有，已经无法再给我带来一丁点儿的快乐了。

不过，我辞职的事情暂时没有告诉我的父母。因为他们很可能无法理解我，并且大概率会非常担心我，甚至担心他们未来的生活，从而造成更多的焦虑，我目前的计划是等不得不让他们知道的那天再告诉他们。

当然，我能够在这样的阶段、这样的情况下辞职肯定有我的特殊性，就像很多朋友说的，如果我有家庭和孩子，就可能无法做出这样的选择。这个说法我是同意的，如果我不是现在的状况，可能人生的走向就完全不一样了。但是，人生没有如果，既然我的人生就是这样的现状，那我不如就去做这样的现状里能做的事，把我的现状带给我的所有条件当作优势，当作礼物。

另外，我从其他书中看到了一段话，增加了我看待辞职的视角。我理解下来就是，要不要离开一家公司，就看你做的事情或者要做的事情，在这家公司里是能更好地跟用户接触、跟市场交易，还是在这家公司里你会遭遇重重阻碍，而离开的话反而可以降低面对用户和市场的成本。

我相信大部分工作还是在一家公司里时，面对市场的成本会更低一些，个人的风险也更小一些。但是就我个人而言，我希望从事创作相关的工作，那么在一家商业型互联网公司里，我面对用户和市场的成本就非常高，甚至根本没有通道和机会去面对。所以，要么我辞职，撤掉这个阻碍，直接去创作，去直面用户和市场；要么我可以去一家内容创作的公司，这也是相对适合的选择。

如果你现在正在纠结要不要辞职，那不妨也分析一下，到底是站在哪艘船上一起航行，更能得到你想要的。到底是站在一艘大船上一起航行，更能得到你想要的，还是自己撑独木舟或者去一艘小快艇上更加适合。

愿你可以在工作中得到成长，实现自己的愿望与追求，而那些工作的时光，除了能让你吃饱穿暖，还可以让你拥有快乐。

画重点

· 喜欢和擅长的事不一定要成为工作，但是如果工作中能做喜欢
  和擅长的事，做好的可能性会更大
· 人生的好时光有限且珍贵
· 很多公司都不可能让你一直工作到退休
· 分析出辞职后最差的情况，看自己是否能承受
· 留下，是能创造价值还是会成为温水里的蛙
· 离开如果至少能让你的状态变好，那么也有未来可期
· 权衡跟用户接触和跟市场交易的成本高低，做出自己的选择

孩子不想上学怎么办

有一次，来找我沟通的是一位家长，他说他的孩子在上高中，
但是最近常常不想去上学，他不知道该怎么办。虽然我没有孩子，
但是之前也跟有孩子的朋友和同事聊起过关于孩子学习的话题。
而且我也念过高中，也经历过繁重的学业和升学的压力，以及青
春期。于是，我就设想如果自己是个家长，遇到这样的问题，自
己会怎么办；如果这个孩子就是我，我可能会面临什么样的困难
和希望被如何对待。然后，我跟这位家长一起做了些思考。

我先问了这位家长一个问题，问他有没有问过孩子为什么不
想去上学。他跟我说他感觉可能是由于孩子学习压力太大，没有
什么学习动力，跟老师和同学的关系也处理不好。这些原因都在

我的意料之中，但是我注意到，他说的是他感觉。所以我提议，看看他能不能在孩子心情比较好的时候，尝试跟孩子沟通了解一下具体发生了什么。我觉得，虽然现在的教育模式下，学习成绩很重要，但是作为家长，对待孩子，不能只关心孩子飞得高不高，更要关心他过得好不好，不要只是以学习成绩高低来评判孩子好坏或者让学习成绩成为对待孩子态度的晴雨表。

不过，家长们跟孩子沟通得比较少，或者沟通习惯没有养成，确实是个很普遍的问题。何况处于青春期的孩子，更加不愿意跟父母沟通自己的心事。所以我跟他商量，如果孩子暂时不愿意说什么，他是不是可以尝试先想办法跟孩子的朋友或者学校了解一些孩子平时的情况。孩子突然不想去学校，有可能是在抗拒什么，得先排除他遭遇了非常恶劣的事情的情况，比如霸凌等。这几年有关学生自杀、不明原因在校出事，甚至杀害父母等事件频出，而几乎每一桩事件的背后，父母对自己的孩子之前的状况都毫不知情。所以，我跟他商量，要抽出时间关心一下孩子的生活，了解孩子是否遇到什么困难，观察当他遇到什么事情的时候会异常紧张，有没有什么令他恐惧和想逃避的事情或人。不过，这个时期的孩子敏感，自尊心强，家长得尽量想办法在保护、尊重孩子的前提下去了解相关的情况。

然后，我们商量，在了解到具体的情况之前，他尽量不要指责、追问和强迫孩子做孩子非常抗拒的事情。他可以先尝试给孩子一个缓冲的时期，如果可以，就先给孩子放个假，让孩子暂时不用去做不想做的事，不去进入不想面对的环境。然后在放假的过程中，只要不是负面的事情，孩子想做什么可以先让孩子去做，甚至陪着孩子一起研究和去做。孩子想健身，就给孩子找个教练或者和孩子一起研究健身运动；孩子想画画，就带孩子去看画展，研究可以学画画的学校和老师；孩子如果只是想打游戏，就问问能不能一起打，陪孩子打，或者让孩子的朋友来家里一起玩……我相信孩子会感受到父母对自己是关心的，而且也关心自己喜欢的事情；我相信孩子会感觉到是有人在自己身边的，而不是只能独自承受。如果孩子非常抗拒父母的陪伴，那么就循序渐进，在保证孩子安全的情况下，让孩子自己先缓冲和放松下来。同时，父母也要从自己身上找找问题，分析一下为什么孩子会如此抗拒父母。

　　除此之外，如果条件允许的话，我跟他商量，他可以尝试带孩子去见世界，让孩子发现自己的喜好和欲望。所谓的见世界，就是在力所能及和当下合适的范围内，拓宽孩子的视野，增长孩子的见识。一个人如果对一件事没动力，要么是没有看到这件事的价值和作用；要么是觉得这件事枯燥无味，激发不起好奇心；要么是这件事会令他自卑和恐惧，让他不愿靠近。所以，在我看来，与其逼孩子学习，不如让孩子接触和见识到更多的东西，让孩子发现自己想要什么，或者想要成为什么样的人。我上高中的时候，学校每年会组织年级排名前二十的学生去北京和上海的著名高校旅行一番，比如清华、北大和复旦等，同时了解这些城市的风貌，以此激发学生们想考入这些学校的动力。孩子如果有喜欢的城市和国家，有条件的话就带孩子去一趟，或者在网上找视频和文章跟孩子一起了解。此外，学习也不应该只局限于升学考试里的学习，考上大学是一条重要的出路，但绝对不是唯一的出路。孩子如果能找到自己最想投入的事情，没有人敦促和逼迫，自己也会主动钻研的，甚至很可能会在这件事上出类拔萃。所以，他可以尝试带孩子体验各种技能，比如视频拍摄、咖啡制作、绘画和演奏乐器等；也可以带孩子了解各种职业，比如互联网公司的人是怎么工作的，视频和影视行业的人是怎么工作的，医生、店主都是怎么工作的。总之，想办法让孩子看见和了解更多，看看能不能激发出孩子的喜好和欲望，有了喜好和欲望，孩子就会展现出奔赴和实现这个喜好和欲望的动力了。即使因为各种原因，孩子暂时还没能找到自己的喜好和欲望，也没有关系。人生本来就是一个漫长的找自己的过程，这个被家长带着找的过程也会被孩子习得下来，长大了，孩子也会同样积极地去寻找自己要走的方向。

去朋友的画室帮忙，
因为没能成为一个画画的人，
一直是我的遗憾

　　对于他猜测的孩子可能跟老师和同学的关系不

好，因为我们还不知道具体的情况，所以就没有更多地讨论。但是我相信，如果孩子得到了父母的陪伴和帮助，开始涉猎和寻找自己喜欢的东西，那他整体的情况会有所好转的。

如果你的孩子也不爱上学，与其责备和逼迫，不如尝试激发孩子的喜好和欲望。心有所向，孩子才不会经常迷茫，才会主动全力以赴。

我们所有人都曾是孩子，我们所有人也都曾在年少时期面临过很多问题，面对孩子，或许可以设身处地换位思考：如果自己是孩子，自己希望被如何对待？

愿对世界的好奇，最终点亮了孩子们。

愿孩子们都能找到那个他心甘情愿的奔赴。

画重点

· 了解孩子不想上学的原因，遇到了什么问题和困难
· 除了关心孩子飞得高不高，更要关心孩子过得好不好
· 给孩子放个假，陪孩子一起去做想做的事，让孩子得到一定的缓冲和放松
· 少责备多陪伴，不要让孩子陷入无助的境地
· 带孩子见世界，带孩子去发现自己的喜好和欲望

孩子不听劝阻怎么办 💡

让另一个来找我的家长感到苦恼的是，他快要上初中的女儿觉得自己腿粗，每天想尽各种办法减肥，但是他觉得女儿并不胖，可是他怎么劝阻都没用，并常常因为这件事与女儿争吵。

我当时一听这个情况竟然笑了起来，然后我说出的想法也让他很意外，我说："如果我是你，我会陪着女儿一起减肥。我会去研究什么东西吃了瘦腿，什么动作练了瘦腿，然后陪着女儿一起行动。"

面对着他的疑惑，我问他，他女儿想瘦腿是不是因为班上的同学都挺瘦的，或者有人评价他女儿的身材。结果，不出所料，他说确实是这样，他女儿班上的同学都挺瘦的，也都在想尽各种办法减肥，连老师都为这件事苦恼。我说："那就对了，如果孩子身处的环境和氛围是这样的，那她势必会受到影响，让她完全置身事外是不现实的。所以，你首先要理解孩子，如果不能让孩子离开那样的环境，那么我们就要用别的方法来尝试解决这件事。"

别的方法是什么呢？肯定不是一味地批评和说教。虽然我们希望孩子明白，没有必要追求大众审美里的纤瘦身材，但是我们同时也知道，让这么小的孩子就有这种意识和明白这个道理是非常难的。即使是我们，也很难做得到。而且孩子已经在为这件事苦恼了，家长的批评只会让孩子更加难受，并且把家长推远，觉得家长跟自己是对立的。所以，我觉得他可以尝试陪着女儿一起减肥。这样做的话，不仅会帮助女儿减少困扰，还能让女儿和他的关系更加亲近。因为女儿会发现父母是站在自己这一边的，当自己遇到困难的时候，父母是关心自己和帮助自己的。另外，他的介入会减少女儿误入歧途的可能性。前面提到过，今年有个新闻是有些人为了瘦腿做了小腿神经阻断手术，但是这个手术带来的创伤是不可逆的。这种瘦腿方式的宣传在短视频网站上频频出现，如果孩子看到了，很容易误入歧途。他如果能帮助女儿一起减肥，肯定会帮助女儿对网上的信息做一定的筛选和判断。这样会比他单纯地劝阻和制止女儿，有更好的作用和效果。不然女儿很容易产生逆反心理，他越不让做就越去做。而且，这是女儿成长中遇到的一个问题，他怎么与女儿一同解决，会成为女儿非常重要的体验和经历，并影响女儿以后处理问题的方式。女儿会从这些经历和结果中习得，以后再面临问题，再有不开心的时候，是只能到处乱撞，恐惧与家长沟通，还是可以向家长倾诉苦恼，与他们讨论解决方法。

另外，很多事情，我们大人自己也是要亲自撞南墙才会回头的。所以，如果是危险性在可控范围内的事情，也可以选择让孩子去尝试。要让孩子有对世界的探索、对问题的解决、对结果的判断、对责任的承担的体验和经历，毕竟孩子以后会有更多的"怪兽"要打，而且要亲自去打。我以前也一直不听妈妈的话，跟那位与他分手时我需要跟小电器说话的男朋友（唉，怎么哪里都有他，哈哈）在一起的时候，我妈妈就不同意，告诫过我很多次。但可想而知，我哪里听得进去，不仅是因为我和男朋友当时正在热恋，更是因为我觉得我妈自己的婚姻都经营得不好，说出的话怎么可能对我有借鉴意义。于是，我义无反顾地跟男朋友在一起了，并把他带到北京一起生活。最后我们分手了，分手后的那段日子也成功登上了我的至暗时刻，这些你都知道了。但是呢，我没告诉你的是，最后，我妈的一些告诫，竟然应验了。从那以后，我开始听一些妈妈的话了。

当孩子有某种你想反对和制止的执念的时候，在发火之前，不妨先理解，这是一个孩子遇到了问题。接下来，不妨把那些不应该和不可以，变成和孩子一起试试看吧。

画重点

· 了解孩子执意要做某件事的原因
· 如果不能帮孩子脱离影响因素，就站在孩子这一边，跟孩子一起去做这件事
· 批评说教很容易让孩子逆反，越禁止，孩子越想做
· 帮助孩子甄别信息，防止孩子误入歧途
· 让孩子习得遇到问题可以跟父母沟通和一起面对的解决方式
· 在危险可控的范围内，允许孩子自己撞南墙

很怕自己教育不好孩子

孩子的教育问题真的是目前父母们最大的焦虑来源了，网上

经常会有父母辅导孩子做作业时痛苦万分甚至大发雷霆的视频，我的朋友们也常常跟我说他们为了孩子的教育问题非常苦恼，着急上火甚至不知所措。有一次，一个朋友都急哭了，他怕自己教育不好孩子，怕他的孩子以后成为一个学习不优秀、心理不健康、过得也不好的人。我把他喊出来一起到风景优美的西湖边吃饭，然后散步聊了聊。

　　我跟他说："我觉得吧，就算我们用全世界最优秀的方法教育孩子，孩子也不一定能成为一个完美的人。既然如此，那就不要给自己定一个必须把孩子教育好的要求，压得自己和孩子都喘不过气来。"话音一落，我的朋友立刻就舒服了很多，是因为看到了西湖的美景吗？哈哈。我想，是他发现了，这个目标就是他自己强加给自己的要求。而且，怎么算是教育好了？这个目标根本就没有衡量的标准，甚至也没有止境。

　　然后，我开始跟他回忆我自己和他自己的成长经历，探索我们被教育的方式和成长结果之间的关系。我和他几乎都是在被散养，无人辅导，甚至爸妈都没有空照顾我们的情况下长大的。我和他的父母在经济和知识上都帮不上忙，所以长大后我们也没有得到扶持，都是一个人去努力争取生活所需，并且也都需要反哺我们的父母和家庭。如今，虽然我和他都还要为生活奔忙，也面临很多困难，但我们都吃得饱穿得暖，都把家人照顾得还不错，依然善良，依然对生活充满热爱。至少从我和他的经历来看，我们并没有因为家庭无法带来非常好的教育和照顾就在长大后过得很差。

接着，我开始让他跟我说说他孩子的哪些方面让他感到焦虑，结果我发现，从我这个旁观者看来，那些方面都是他的孩子非常特别、非常值得欣赏的特点。比如他觉得孩子喜欢在家宅着，不爱出去。我说："那你们之前去外地支教的时候，孩子开心吗？"他告诉我孩子当时特别开心，而且跟同去的人相处得非常好，孩子还说以后还想再去。我说，那所以并不是孩子对出去不感兴趣嘛，只是需要去外地或者参加孩子更感兴趣的活动而已。喜欢公益类的活动，能跟陌生人迅速建立良好的关系，喜欢更自然和原生态的地方，这些都很不错呀。再比如，他说孩子做题时非常马虎，明明会的题经常出现错误。而且孩子花了太长的时间在看书和画画上，常常不想去上学。我就问他，那是不是孩子的成长发育都比较快，觉得现在学校教的内容都会了，不屑于学？他说对，孩子也是这个说法，孩子说觉得学校教的东西都太简单了，都会，没意思。我说那说明孩子智商水平挺高的，而且也可能确实成长得比较快。每个人学习的速度和掌握的知识量本来就不一样，只是目前的教育模式只能让所有学生按照同样的步骤和进度学习，孩子已经超前了，多厉害呀，为什么要生气呢？想办法帮孩子更专注些就好。听到我说的这些，他才意识到，原来孩子同样的一个表现，在他眼里，都是缺点和问题，在我的眼里，正是孩子的优点和特别之处。他也才回想起其实孩子被班上好多同学崇拜，家长们常常来跟他打听他是怎样教育孩子的，给孩子提供了什么条件。他看着波光粼粼的湖面，说他决定以后换个角度看问题，多发现和关注孩子的优点和特色。

我又对他说，爱看书和画画是多么好的习惯呀，很多人想养成这些习惯都很困难，他怎么还为此生气呢？热爱可抵岁月漫长，热爱是人的出口，热爱不至于让一个人没有饭吃。有热爱是很珍贵的，很多成年人最苦恼的就是不知道自己喜欢什么。如果孩子表现出了对一些事物的兴趣，只要是正向的，只要条件允许，只要相对安全，不如就尽量给孩子提供尝试和深入研究的机会，支持孩子。我们总不希望自己的孩子对万事万物都没有兴趣，觉得生活寡淡乏味吧。要是孩子对一些事物接触了几次就不喜欢了，浅尝辄止，也尽量不要责怪和批评他们。其实我们每个人都一样，都是在跟着生活前进的过程中，运用着排除法。很多东西看上去很美，深入了解了就不喜欢和不想接近了，这是再正常不过的事情了。去见识、尝试和经历不是成本，这个过程中，孩子会不断地感知和认识自己，不断地接近和更早地找到自己喜欢的事物……然后他不停地跟我解释，他支持了，支持了，孩子想做的事情他都尽量支持了。

看着他，我又想起了我妈妈。虽然我也觉得我说得太多了，但是，我仍然继续对他说："你不如，把你自己活好，活成孩子的榜样。我从小在父母关系不好的环境中长大，面对我爸各种不良的对待，我妈从来不反抗，甚至不作声。这让我也一直处理不好冲突，也常常逃避和选择不作声。但我妈在家里最艰难的时期一个人受苦受累撑了起来，渡过了难关。这让我最终也敢于辞职，不惧怕去面对余生的'怪兽'们。"我说："你嫌弃孩子做题马虎，那你每天丢三落四，总是忘记与别人约好的事，是不是也要被批评一下？哈哈。你期望孩子什么样，自己就先做到那个样子。孩子长大的过程中一直看着你，如果你每天愁云惨淡，孩子可能就会很少有笑容；如果你每天刷短视频，孩子可能就会不愿意放下手机。与其担心和焦虑对孩子的培养，不如先过好自己。"

哎呀，他不说话了，那我继续。我记得他以前跟我说过，他跟孩子一发生分歧就会争吵起来。我又接着跟他说，其实我特别羡慕他和孩子能争吵，而且我觉得，这非常难得。因为我看到的更多情况是，父母和孩子根本就不沟通，我和他在面对自己的父母的时候，也是这样。和父母缺乏沟通让我常常感觉不到被爱，也几乎从不跟父母倾诉和商量，都是一个人在缺乏安全感的前提下，独自去面对风雨。很多遭遇霸凌或诈骗的孩子也因此不会选择把事情告诉父母。所以，我觉得他和孩子能争吵，能表达各自的想法，是非常好的现象，应该努力一直保持和延续。而且，这样他就可以了解孩子的所思所想，也才有可能及时发现问题和解决问题，就更不用担心孩子会跑偏了。

就算孩子真的不小心跑偏了，也不要不知所措，不要一味地责备打骂，甚至放弃孩子，记得及时把孩子带回正向的道路上，不要让他从此在黑暗中飘荡。有一个跳街舞的舞者说，他年少的时候也很叛逆，常常跟妈妈作对和争吵。后来因为迷上了街舞，就远赴他乡，苦练学习。成为舞者之后，他像变了一个人似的，开始对妈妈特别好，为人处世也变得更正向可亲，他和妈妈都非常感谢和庆幸他的人生中遇到了街舞。我想，如果那些走偏或者出现了一些问题的孩子能够不被排斥和放弃，能够有人帮助他们找到人生的热爱，也许，他们就不至于堕入黑暗。所以，我觉得，父母不要恐惧孩子会误入歧途，也不要在事情发生后去定性甚至放弃孩子，父母和学校老师要做的，是引导和帮助孩子走向光明的一面。

记得后来我每次再跟这个朋友见面的时候，虽然他跟孩子的争吵还是时有发生，但是，他都是把争吵当笑话一样地在跟我描述，并且常常给我展示孩子又画了哪些新的作品。

哪个父母不焦虑呢？爱之深焦虑之切呀。但是，还记得吗？焦虑可能引发甲状腺病变、各种结节、肝胆心脏疾病，而且你一定不希望家里充斥的是压迫感和愁容吧。

你的生活充满活力和阳光，孩子的世界，也才会是这样。

你就是孩子看到的世界的模样。

画重点

· 没有完美的教育方法，也没有完美的人。而且，怎么才算是教育好了？没有衡量标准

· 很多人都没能经历良好的教育和照顾，但他们并没有都过得很不好

· 多角度看待孩子的行为和特质，多发现孩子的优点和特色
· 支持孩子的正向喜好，热爱难能可贵，可抵岁月漫长
· 活好自己，以身作则，活成孩子的榜样
· 保持好与孩子的沟通和链接
· 如果孩子误入歧途，不要放弃孩子，带孩子走向光明之处

父母关系不好，很痛苦

前些日子有一个人来找我，情绪非常激动地跟我抱怨他的父母，甚至一度哽咽。他父母的关系常年不好，后来他与父母的关系也不太好，他受这个问题困扰很多年，精神状态一直很差。我身边有很多人也被这方面的问题影响，包括我自己在内。家本来应该是我的港湾，我的大后方。但是这个后方总是不稳定，问题频发，氛围不好，我因此很难工作顺利，生活开心。为了解决这方面的问题，我也一直不断地做着努力。

第一，我以上大学为契机开始制造我与父母的分离。之前提过，从上大学开始，我就再也没有跟父母长期生活在一起了，而且当年也就是为了实现这个目的而选择到离家极其遥远的城市去读书。毕业后，我也选择了在其他城市工作，每年只有重大节日和长假才会回老家，其他时间都没有与父母生活在一起。也就是我又用了"分离"的方法。分离也让我和父母之间甚至他们两个人之间更加珍惜彼此。甚至到后来，随着爸妈越来越年迈，我与他们长

时间的分离使得他们逐渐开始相依为命，更真切地体会到每天互相陪伴、互相依赖的，只有彼此。

第二，我生活独立，不依赖父母，从而不需要受他们的控制。自从上了大学，我所有的事情都是自己做决定。包括很多次换工作换城市，也都是尘埃落定后，趁着假期回家看他们的时候才告知他们。虽然我妈偶尔会抱怨我总是不跟他们商量，但是因为他们确实没办法给我很多意见和帮助，所以也仅仅就是说说而已。而且，通过自己的奋斗加上命运的眷顾，我自己的生活过得还可以，并且也让他们的生活得到了很大的改善，他们也就更少对我的生活进行干预了。还有一点，生活的改善提升了我爸妈的安全感和幸福感，降低了他们的忧虑和悲观，增强了他们的自信心，进一步促进了他们彼此之间关系的好转。

第三，我从一味地报喜不报忧改为透露辛苦，让父母了解和理解我的不易。像很多孝顺的孩子一样，刚开始在外工作的很多年，不管是工作辛苦、心情不好还是生病，我都很少告诉父母，报喜不报忧。后来有三件事促使我改变了这个做法。一件是确实有段时间我每天加班到深夜或凌晨，于是之前每晚给爸妈打一个电话的习惯没有办法再继续，变为了每周打一次。所以父母也终于知道，原来我的工作强度这么大。第二件事是几年前我发现，我父亲因为家里经济条件逐渐好了一些，要么是出去玩，要么是痴迷购物，要么就是有点炫耀。虽然这些对一个老人家来说无可厚非，但是我怕这样下去他会挥霍甚至被骗。所以我就会把我工作很累、下班很晚或者生病不舒服时也还要加班的事情都告诉他们，让他们知道，我给他们的都是我的辛苦钱，并不是很轻易就能够获得的。第三件事是有一次跟妈妈通话，她说她同事家的孩子在家啃老，每天不出门，就宅在家里打游戏。我本来以为我妈是要表扬我，没想到我妈觉得这样非常好，因为这孩子待在了父母的身边，而不像我，远离他们。那次通话的时候，我正好因为工作中遇到些事心情不是很好，一听到我妈这么说，我气得眼泪马上就掉了下来，哭着在电话里跟我妈发了一通脾气。因为她这么说让我觉得我努力念书、认真工作、不开心也要坚持上班是多么没有价值，让我很伤心。这三件事之后，我爸妈开始逐渐懂得体谅我，知道我在外面也不容易，知道我的这些收入都是辛苦换来的，知道我也跟他们年轻的时候一样，在工作和生活中有很多的不顺利和不开心。于是，他们便很少再要求我什么，也更加珍惜现在的生活，甚至还开始为我挡掉亲戚们的需求。

第四，我用只跟妈妈通话这个举动，改变了我爸妈的强弱关系。以前我爸妈关系不好的时候，都是我爸比较强势，我妈很弱势。后来，从离开家后只能用电话和视频的方式联系开始，我便只拨我妈的手机。等我妈跟我聊完，我爸需要跟我说话的时候，我就让他拿我妈的手机跟我说话。我妈还曾经问过我为什么不拨我爸的手机，我也不回答，就这么坚持着。就这样过了很多年后，有一次听我妈说，当时她和我爸想跟我说件很重要的事情，但是我爸对我妈说了一句："你跟孩子说吧，她比较听你的。"那次我就知道我要的效果达到了。后来还有一件事，彻底把我爸强势我妈弱势的局面扭转了过来。这件事就是我多次告诉我妈，如果我爸再对她发脾气，她可以选择跟我爸离婚，我会跟着她和照顾她的。虽然我妈每次都会说：那倒不至于。但是我知道我的这个举动给了我妈很大的安全感，做了她强大的后盾。甚至后来，当我爸明显在凶我妈或者批评我妈的时候，我就会直接对我爸说："要不给你买个房子你搬出去住吧，省得你们在一起的时候你看我妈不顺眼。"虽然我爸听到这些话会觉得我可能是在开玩笑，但是他确实会因为听到这些就收起脾气。

第五，彼此放养，互不干涉，互不要求，只表达看法。虽然因为长期不在一起生活，我很少会被父母干涉，但是以前的我会常常给父母提很多意见。比如盐要少放，烟应该戒了，蓝色的衣服不要搭配红色的鞋，不要熬夜，要出去锻炼，等等。我本来是希望他们的生活方式能更加健康，但是我爸妈很难听进去我的话，并且也会因为被我念叨、质疑和管束而觉得不舒服。所以我后来也改变了想法，我觉得只要他们心情好，其他的都无所谓了，人生没有那么多应该不应该，我只要尽量帮助他们能按照自己的意愿生活就好了。既然我爸不想戒烟，我索性一旅行就给他买各地出产的烟；既然我爸痴迷网购，那我就给他的支付宝和微信里打钱；既然我妈喜欢玩手机，那我就教她怎么拍视频……总之，就是我和我爸妈彼此放养，谁也不逼谁做什么，开心就好。

这些做法让我们家的氛围得到了改善，一家人的心情越来越好，彼此也都活成了比以前更自在的人。我的后院很少起火，我的工作和生活就更顺利和开心了。

每个家庭的具体情况不一样，造成家庭氛围不和谐、关系不良的原因也不一样，这些方法不一定都适用。但是希望当大家面对家里的问题的时候，更多地尝试用我们的智慧去想想有没有办法可以解决。另外，大家也可以换位思考，多理解理解我们的父母。毕竟他们生活的年代跟我们不同，当年很多生存法则和生活经验会对他们造成性格和为人处世方式的影响，我们可以给予他们一些包容和理解。我妈妈很爱我，但是她不但不善于言语表达，在外在的行动上也从来不表现得很亲昵，甚至很排斥亲昵，这一点我以前一直很不解，甚至有点受伤。我问过我妈为什么这样，她说她不习惯，我想，也有可能是她小的时候，我外婆也是这么养育她的，所以我后来也就理解了。我们学了这么多知识，看了这么多信息，亲密关系中依然存在很多问题，更何况我们的父母。最终让我很少再跟我妈念叨让她选择离婚这件事，是因为有一次我妈跟我说，我爸也有很多好的方面，而且我不在她身边，是我爸一直照顾她的生活。那一刻，我明白，我妈自有她自己的生活哲学和选择，我怎么看不一定重要，重要的是她愿意就好。

如果你也有来自家庭氛围方面，尤其是父母关系不好或者自己与父母关系不佳的问题带来的困扰的话，愿你能做一名智慧而勇敢的舵手，帮助家庭之船驶向你们心中美好的方向。

开头写到的来找我的那个人，我建议他可以尝试搬出去独立生活。分离，也许才有机会更好地相聚。

画重点

· 我以上大学为契机开始制造我与父母的分离，分离让我们减少
  痛苦，并且更加珍惜彼此
· 我生活独立，不依赖父母，不但不需要受他们控制，反而改善
  他们生活令他们舒心
· 我从一味地报喜不报忧改为透露辛苦，让父母了解和理解我的
  不易
· 我用只跟妈妈通话这个举动，改变了我爸妈的强弱关系
· 我和父母彼此放养，互不干涉，互不要求，只表达看法
· 理解和接纳父母，他们也曾是孩子，他们有他们的选择

很想念，那个天上的人

可能大家都明白这是这世间最无能为力和无可挽回的事，所
以很少有人因为重要的人的逝去来找我倾诉他的痛苦。不过这些
年，在跟一些有类似过往的朋友聊天的时候，我偶尔会无意中触
碰到我们彼此心里的伤。

因为有一个很想看的展览，今年春天我去了一趟上海，看完
展后特意去了一趟上海的中山北路。因为我去年终于得知，我外
婆小时候的家好像是在中山北路。我虽然是北方人，但是我的外
婆是上海人，据说她不到二十岁还是个学生的时候就离家出走去

了北方。后来外婆只在我妈妈和舅舅出生之后回过两次上海，其余所有的人生时光都留在了东北。据说外婆出生在一个大户人家，书香门第，家里有十几个孩子，每个孩子都有自己的用人。我不知道她当时经历了什么，为什么要从家里逃离。但是我相信，她一定是一个勇敢的人。

外婆对我特别好，是我在重男轻女的祖辈里唯一能感受到疼爱的人。但是她去世之前的几年，我刚工作不久，还很拮据，没有能力多关注和照顾她的晚年，这件事让我一直很内疚。我能感觉到，那些年她应该过得不快乐，因为每次我回

外婆，我替你回来了，外婆，我很想你

老家时去探望她，都很难看到她脸上有笑容。而每次我离开，都能看到她站在窗边，漠然地望着我。更让我遗憾的是，外婆病危的时候，虽然我已经从千里之外及时赶了回去，但是她一直昏迷，直至离开也没能醒来。所以我没能跟她说上最后一句话，她也没

能看我最后一眼。

外婆去世后，很多年我都无法释怀，很多年我都不能看到白发苍苍的老奶奶，不能听到有人提及外婆，不能面对外婆的照片，否则眼泪就会夺眶而出。

我生平第一次去上海，是在外婆去世后的第三年。我在外滩呆呆地站了很久，那时候我在想，虽然我不知道她的家在哪，但是外婆小时候一定也来过外滩，我就站在她曾经也站过的土地上。

所以这一次，当我得知中山北路可能是外婆小时候住过的地方后，虽然我仍然不知道具体的地址，但我还是去了，在中山北路上走了一会儿。我在心里告诉外婆，我替她回来看过了。

唉，此刻，写着写着，我的眼泪又掉了下来。

之前在网上看到过是枝裕和导演的一段话，很受触动。这段话是是枝裕和导演在树木希林女士的葬礼上的悼词。树木希林女士是日本国宝级的演员，常常扮演母亲的角色，也多次在是枝裕和导演的影片中出演母亲的角色。是枝裕和导演在悼词中说："我总觉得人在往生之后，会存在于万物。我失去母亲之后，反而觉得母亲存在于周遭的一切事物中，会在街头擦肩而过，会在陌生人中忽然发现她的身影。这样想着，就慢慢超越了悲痛。"

外婆去世之后，我把对外婆亏欠的爱全部给了妈妈。因为葬礼结束时，我小姨跟我说了一句话，她说："你以后要对你妈妈好一点，因为她，没有妈妈了。"

我也曾一度很难想象自己若有一天失去了母亲，我将如何面对那种伤痛。

有个节目曾经发起过一个讨论，话题是：如果父母生了重病，你愿不愿意为救治他们而去背负巨额的债务？

其实这个问题无论怎么回答，都没必要评判，我觉得这个问题最大的价值是让大家意识到人生的一些困境。我在前面的内容中也提到过，我也曾为万一有一天可能会无力负担父母的医疗费用而焦虑过很多年，最终因为选择跟人生的缘分和解，才放下了心中巨大的压力。也正因为如此，我现在会尽我所能对我爸妈好，让他们余下的人生都尽量幸福快乐。

我想，面对逝去的人，我们能做的，就是跟人生的缘分和解，并在之后的日子里，对自己和那些自己珍惜的人，付出更多的爱，才不辜负离开的人曾经给予我们的爱。

有一次，外婆在我的梦中对我说，要好好的，别总哭。

有一次，快睡醒的时候梦见了外婆，于是，我不舍得睁开双眼。

画重点

· 珍惜眼前人

爱着的人放手了

最近有数据显示，我国有一亿左右的单身独居人口，这其中也包括了我。这个现象的背后有很多原因。单身独居当然也很潇洒自在，但是这也在一定程度上说明，爱情依然是一个对很多人来说不算特别顺利的事情。我也遇到过一些年轻人来找我倾诉这方面的问题，他们大部分都正在经历着分手的痛苦。

爱情带来的痛苦一直是我认为最难解决的，因为爱情不是理性的，没有道理可言，不是用方法、努力和坚持就可以换来好结果的。喜欢或者爱这种感觉是不能强求的，这种感觉的出现与不出现并不受我们控制。所以，面对爱情带来的痛苦，我自己最常用的方法就是离开和忘记，但其实我并不认为这是一个好的方法。我常常跟来找我沟通的人说，爱情这方面我没有太多发言权，毕竟我此刻也还是一个人。我也没有太多提议，因为我觉得任何提议都辜负了爱情。我只能跟他们说说我是如何度过那些艰难岁月的。

我曾经有过三任男朋友，虽然都是我先提出分手的，但是其中有两任男朋友，我在和他们分手后都经历了一段非常痛苦的岁月。不过，比较幸运的是，如今这么多年过去了，我早已从这些伤痛中走了出来。走出来的过程也都差不多，想通了，断联了，换环境，开始新的事，认识新的人。而且也不知为什么，现在再提起他们，我没有悸动也没有不适，没有美好也没有伤感，仿佛什么都没有发生过一样。

其实除了曾经相爱的人最终没能一直走下去，每一次单恋的爱而不得也给我带来了很大的伤痛。可能是自作多情？可能是用情有点深？可能是仍保持了没有任何利益思考的纯真？可能是终究无法摆脱从朋友走向陌路带来的痛苦？我也说不清楚，就是每一次都会陷入巨大的痛苦。我也不知道该不该感谢这些痛苦，让我竟然习得了每次最终能走出来的能力。

我也不太明白，为什么每当对方知道我的心意后，几乎都会开始回避我。然后，就这样，本来有说有笑的朋友就会逐渐形同陌路，没有人会选择沟通，没有人会选择像从前一样相处。我能得到的就是巨大的冷漠。而这些，仅仅只是因为我比以前的自己更勇敢地表达了我的心意。我确实承受不了这些，虽然我曾经以为，我应该会进步的，我不会再重蹈覆辙。然后，就没有然后了，就这样，就断了，因为此后再表达的每一句，不是被抗拒，就是石沉大海。

你应该猜到了，我前面也多次用过这方法，我最终会删除这个人，让我们从彼此的世界里消失。其实我也是一个很不善于表达和沟通、不善于处理这类事情的人，所以对于这样的境地和挥之不去的痛苦，我至今也只能选择这样的方式。因为我知道，这个对话框不会再有消息传来，这个联系人躺在列表里除了令我难过，再无其他作用。从此消失，不再打扰，可能就是我最后的温柔了。

如果条件允许的话，我一般也会尽量离开能触景生情的环境，投入到新的事情中去，转移走我的注意力。而随着自己的成长和岁月的帮助，那些爱意最终也都消失殆尽了。有过几次，突然就有那么一瞬间，我发现自己没有那么喜欢那个人了。甚至有的人在一两年后又遇见时，我竟然完全没有任何感觉了。这既让我很无奈也无疑给了我一些安慰和鼓励，让我切身感受到，终有一天，对我而言，曾经的痛苦，都会消散在风中。

其实，今年我又经历了一次求而不得的痛苦，甚至再次引发了我的自我怀疑，最终我也还是不得不删除了对方。我还去了他的家乡旅行，在他家乡的寺庙里许下愿望，祝福他有一天可以实现梦想，事业有成，作为自己给自己这段喜欢的告别。然后，我能做的无非就是开始专心创作，专心做热爱的事情，让自己忙起来，马不停蹄，忙得没有时间胡思乱想；无非就是也想想那些对我非常好但是一直被我拒绝的人，想想自己又何尝不是别人的求而不得，这无非就是爱情中的一种常态；无非就是告诉自己，以前的人和以前的伤最后终有一天都走出来了，这次也一定可以吧，只是时间的问题；无非就是把对他的好，都用在自己身上，更加爱自己。

我也反思过，我想我在每一段爱情里一定也有很多问题，有很多做得不好甚至不对的地方。我不知道如果还会有下一次的话，我会不会改变，会不会做得更好一些，让美好的爱恋不要最后都变得这么悲凉和痛苦。我不知道，但是我会努力成为更好的自己，我会好好地生活。

爱情太复杂了，每个人遇到的情况可能千差万别。

不过，不管怎样，希望当有人爱你时，即使你不爱他，你也能心存感激；不管怎样，希望我们每个人都能好好爱自己，不要因为爱情不顺利而怀疑自己，否定自己，甚至自暴自弃。

　　这个世界还有很多事情可以去做，还有很多人可以去遇见。希望我们终有一天，能遇到那个与我们互相爱慕，喜欢和我们待在一块儿，愿意彼此一起在人生里打"怪兽"的人。就算最终没能遇到，也没关系，自己爱自己，自己照顾好自己的人生。

　　做自己的爱人，无论何时。

画重点

· 爱情这东西，没道理的
· 永远敢爱，永远尝试更好地去爱
· 敢爱，就敢放手
· 做自己的爱人，无论何时

道理都懂，可还是没有好起来

　　我遇到过几个感到有些绝望的朋友，他们说自己看了书，听了课，也找人聊了，但就是依然没有好起来。而我仔细询问了才发现，除了看书、听课和倾诉之外，他们并没有更多其他的行动。

　　我不知道已经读到这里的你，是否心情已经好些了，是否逐渐地从阴霾中走了出来。如果是，那真的太值得高兴了，不如此刻就吃口好吃的庆祝一下吧。如果你觉得收效甚微，那不如此刻就开始一个具体的行动吧。

　　能带来改变的，从来都不是道理，而是行动。去挂号看医生了吗？去看电影和旅行了吗？去学习新技能了吗？去制定目标了吗？目标确定完开始行动了吗？可以做的事情有很多，先选一件简单的做起来，改变，就会发生。

辞职之前，有一天下午开会的时候，我又因为一件事很生气，当时气得连晚饭都不想吃了。然后，我想了想，告诉自己，算了，不要再想这件事了，认真开会。结果，连晚上都还没到，我就忘了下午生气的事情，整个人又恢复了正常，食欲大增，开开心心地去吃晚饭了。后来，我发觉自己经常会前一个小时还在默默掉眼泪，后一个小时在写写东西、拍拍视频后就突然高兴了起来，完全忘记自己刚才还在为某些事或某些人伤心难过呢。我都不知道该高兴还是该不高兴，虽然我治愈自己的速度越来越快了，但是，我觉得伤心难过也是很珍贵的情绪呀，怎么可以这么快就没有了呢？我甚至担心我以后不会悲伤无能吧？哎呀呀！我真是个奇怪的人。其实，我们是不可能消灭难过和痛苦的，但是我们可以学着去调控它们，让它们减少发生的次数，或者当它们发生的时候我们可以有办法应对。而这其中的奥妙就在于我们要行动，要解决问题，要创造改变。

其实，这本书本来可以更早就跟你见面的，但是刚动笔的时候我还在上班，写作进度非常慢，甚至有一搭没一搭的。而且我之前并不认识任何一位出版社编辑，没有任何一家出版社的联系方式，甚至连中国有哪些出版社都不知道。所以我就拖啊拖，想着估计总会等来什么契机的吧。但是每过一个月，这个目标还没有达成的困扰就又会加重。今年 7 月份的某一天，不开心又一次来袭，我终于按捺不住了。于是，我打开电脑，搜索各大出版社的官网；我打开微博，搜索各大出版社的账号；我翻开书架上的每一本书，看它们都是什么出版社出的，有没有联系方式。然后，我向我能搜集到的出版社的邮箱发了自荐信，表达了我想出版这本书的愿望。如果我能早一点开启这个看起来非常笨拙的行动，可能就不用等到今天才跟你遇见了。

　　当然，每个人碰到的问题都不一样，不管是我的经历和心得，还是其他书籍和知识，都不可能解决所有人的问题。我记得有几次，我发现自己用任何办法都无法让当时来找我的人心情变得好一些，我便感到很难过，非常自责。但是，过了几天，其他人的感谢和改变又让我重燃了动力。我想，我确实是不可能解决所有人的问题的，我没有这个能力，也没有人有这个能力。如果有这样的人的话，世间就没有人会被困扰了。所以，我不必这样苛责自己，只要有人觉得得到了帮助，只要有一个人觉得得到了帮助，

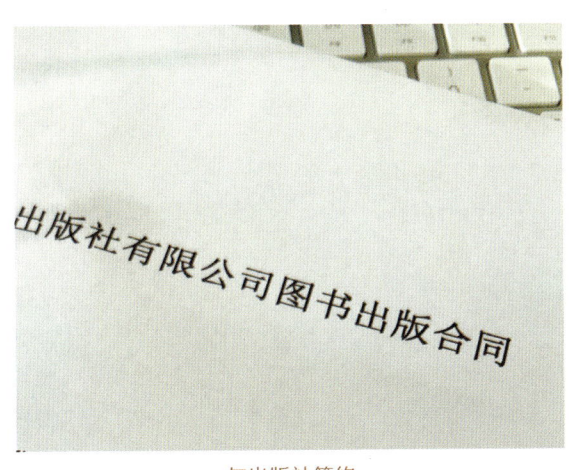

与出版社签约

我就愿意写下这些文字，我就愿意把我的所思所想所做告诉给想知道的人。

如果你还没能解决问题，不要苛责自己，也不用灰心。

我仍然坚信，只要你愿意，只要你行动起来，就一定可以让自己重新拾回笑容。

喜欢孙燕姿《逃亡》（作词：林怡芬）里的歌词："……关于梦的答案，一直在自己手上，只有自己能让自己发光。"

就现在，去行动吧。

给自己列个清单，一件一件，做起来。

愿大家的明年今日、后年今日、十年今日，都比今时今日，更好。

画重点

· 能带来改变的，从来都不是道理，而是行动
· 就现在，开始一个具体的行动吧

后　记
期待再见面时的你，嘴角上扬，眼里有光

　　2021 年秋天，我开始动笔写这本书，快写完的时候，已经马上就要迎来 2022 年的元旦了。

　　开始的时候，我想，在生活中遇到困境的并不止我一个，随着我的同龄人逐渐都开始了中年危机，接下来会经历抑郁情绪的人可能会更多。所以我决定不再顾虑什么了，一定要尽快把这些自己的经历和心得写下来，哪怕只能给一个人带来些慰藉，只要有一个人受到了启发，从而走出阴霾，都是值得的。

　　不管你是上有老下有小的职场人，是刚踏进社会的年轻人，还是正值青春期的学生，抑或是为教育孩子发愁的家长，甚至是跟我一样的独居者……希望这些文字能在你心情灰暗的时刻为你的心底照进一丝光亮，或是让你的心里升腾起片刻的温暖，或是为你指向了什么地方，哪怕仅仅只是让你的眼里闪烁了一瞬的光亮。

　　你也可以把它放在你的床头、你的抽屉、你的书桌、你的背包里，当你心情不好的时候，看它一眼，或者摸它一下，然后对它说一句："一切都会过去的，一切都会好起来的，是吗？嗯，是的！"然后，让自己的嘴角上扬一下。要记得，你不是一个人，有美好陪着你，有千千万万的看到这些文字的人陪着你。（啊？千千万万？搞不好一本都没人看，哈哈。）

如果你愿意，美好更希望陪着你去尝试那些美好已经尝试过的方法和行动，看看是不是也可以帮你解决问题，让你放下心事，走出阴霾，实现更多的愿望，拥有更好的人生。

走出来，可能很难，可能需要一年两年；走出来，也可能没那么难，可能只要你，从现在开始。

留了两页给你，写句话给自己吧，也写下你接下来的行动清单。

期待再见面时的你，嘴角上扬，眼里有光。

写给自己 ☀ ☁ 💧 ❄

| 写给自己 | ☀ ☁ 💧 ❄ | |

新的计划

| 新的计划 | ☀ ☁ 💧 ❄ | |

美好集

清晨时分飞机外的山川

旅馆窗外的陌生城市

遇见了一些白色块，一起合个影吧

乘坐索道过江

正在街上走着，身边出现一只也在散步的鹿

角落里的叶子，
努力仰着脸

比上次遇见时更盎然的红墙

多云的晴空

不愿被树挡住

乌云将散

即将迎来清晨的海边

傍晚的湖

发现了一只翅膀

遇见了粉色的叶子

窗外的粉色夕阳

树上的笑脸

会议中的鸽子们

城市中的满月夜

在阳春三月烟雨后

在泼墨山水画里

春日早晨的新安江

初春的钱塘江边

梅家坞的春茶

春天玉泉路的山茶花

盛夏北海公园的荷花池

夏天的泸沽湖

入秋的坝上草原

满觉陇的金桂

秋天的北京

初冬的灵隐路

冬天的望京公园